晋 枣

金丝新四号

辣椒枣

梨 枣

1

石 光

婆 枣

龙 枣

石枣1号

悠悠枣

赞皇大枣

早脆王

裂果病危害状

3

缩果病危害状

枣疯病危害状

黑斑病危害状

绿盲蝽为害状

4

果树周年管理技术丛书

枣 周年管理关键技术

主　编

吕瑞江

副主编

贾彦丽　智福军

编著者

（按姓氏笔画排序）

马文会　王恒志　刘文田

朱凤妹　陈秀娟　杜　彬

郑丽锦　段胜利　果红梅

金盾出版社

内 容 提 要

本书是"果树周年管理技术丛书"的一个分册,内容包括:概述,优良品种,整形修剪,土肥水管理,萌芽期及抽展期管理,花期管理,果实发育期管理,果实采收及采后管理,休眠期管理等9章。本书内容丰富,科学实用,可供广大果农、基层果树技术人员及有关院校师生阅读参考。

图书在版编目(CIP)数据

枣周年管理关键技术/吕瑞江主编. --北京:金盾出版社,2012.11

(果树周年管理技术丛书)

ISBN978-7-5082-7849-0

Ⅰ.①枣… Ⅱ.①吕… Ⅲ.①枣—果树园艺 Ⅳ.①S665.1

中国版本图书馆 CIP 数据核字(2012)第 193015 号

金盾出版社出版、总发行

北京太平路 5 号(地铁万寿路站往南)

邮政编码:100036　电话:68214039　83219215

传真:68276683　网址:www.jdcbs.cn

封面印刷:北京蓝迪彩色印务有限公司

彩页正文印刷:北京燕华印刷厂

装订:北京燕华印刷厂

各地新华书店经销

开本:850×1168 1/32　印张:4.875　彩页:4　字数:108 千字

2012 年 11 月第 1 版第 1 次印刷

印数:1～8000 册　定价:10.00 元

(凡购买金盾出版社的图书,如有缺页、倒页、脱页者,本社发行部负责调换)

前言

　　枣原产自我国,是我国主要果树树种之一,分布于世界各地。世界上除我国外,韩国有一定面积栽培,其他国家均未形成大面积栽培和商品生产。枣果营养丰富,滋补价值高,深受国内外市场欢迎,对枣的需求量越来越大,现在正是发展枣业的大好时机。

　　枣树适应性强。枣树具有抗寒、抗旱、耐涝、耐盐碱、耐瘠薄等优良特性,在荒山沙滩均能栽培。近几年在荒山丘陵酸枣嫁接大枣中得到充分体现,枣树既可作防护林,又能作为经济林栽培,为农民增收又多了一条途径。枣树作为我国特有的经济树种,在医药、加工等方面还有巨大潜力等待开发。由于水资源匮乏,我国的农业发展受到一定制约,发展节水农业势在必行,枣树的抗旱能力极强,这为枣业发展提供了契机。

　　我国枣树栽培总面积约150万公顷,2008年我国枣(鲜枣)总产量363.41万吨,面积和产量均占世界总量的98%。《中国果树志》枣卷记载有700个品种,过去由于枣品种混杂、品质良莠不齐、生产上广种薄收、管理粗放,枣树产量低而不稳,使枣农的经济收入受到一定限制。现在经过枣树科研人员的辛苦工作,育成或筛选出一批优良新品种,产量高、品质优。广大枣农成立了枣树专业合作社,同时又有新的枣农加入,枣生产逐步向规模化、集约化、科学管理、高产优质方向发展。针对枣产业发展的新情况,为适应农业生产结构调整和枣生产发展的需要,笔者根据多年从事枣树育种、栽培科研和生产实践经验,并参阅了大量的文献资料,编写了《枣周年管理关键技术》一书。该书文字上力求简练,通俗易懂,侧重实用性和科学性,以供广大枣农和枣树工作者阅读参考。

由于笔者水平所限,再加上现在不断育成新的枣树品种,栽培管理技术不断创新,病虫害防治新农药的研制成功,我们搜集的资料很不完整,书中难免出现错漏,敬请广大读者批评指正。

编 著 者

目 录

目　录

目 录

目 录

第一章 概 述

一、枣的栽培历史及传播

(一)枣的栽培历史

枣原产自我国,是我国主要果树树种之一,在区域经济发展的山、沙、碱、旱等地区有着特殊的应用价值。在我国,枣的栽培历史可追溯到7 000年前,20世纪70年代在河南密县峨沟北岗新石器文物中的炭化枣核和枣干,经古生物专家鉴定,同现在栽培的枣核相似,是最好的佐证。在远古时代,枣已成为人们食物之一,枣与桃、杏、李、栗被称为我国古代的"五果",广为栽培。根据我国古代文献记载,黄河中下游的陕、晋河谷一带栽培枣树最早,形成了最早的栽培中心。

(二)枣的传播

枣在世界其他各国的栽植均由我国引进。最早引进的是我国的邻国朝鲜、俄罗斯、印度、泰国、缅甸、巴基斯坦等。大约在1世纪初经"丝绸之路"传入亚洲西部,经过伊朗、叙利亚传入意大利以西的地中海沿岸国家,再传入西班牙、葡萄牙等国。约在9世纪从我国传入日本。美国以及东欧国家也先后从我国引种。美国最早是在1837年从欧洲引种小枣种苗,1908年从我国引种大枣品种。但由于种种原因,目前只有韩国形成了商品化栽培,其他国家仅限于庭院栽培和种质保存。

二、发展枣树的意义

枣树抗逆性强、结果早、丰产性好,果实营养丰富、口感好、药食同源等诸多优点,使得枣树成为半干旱地区实现国土绿化、农民致富的重要经济林树种,特别是针对我国人多、地少、水资源匮乏、荒山荒滩相对较多的国情,发展枣树更有特殊的意义。

(一)枣树抗旱、耐涝、耐盐碱、耐瘠薄

枣树抗旱性强,耐涝能力突出,而且还能在干旱条件下丰产,河北太行山枣区曾持续高温,秋季作物近绝收,其他干果如核桃、柿相继减产,而枣产量却未受到影响。据调查,金丝小枣树在约1米深的洪水中浸泡了20多天,秋后仍获得较好收成。我国水资源缺乏,人均水资源仅为世界人均水资源的1/6,且地域分布不均,南方湿润多雨,北方干旱少雨,且每年的7~9月份降水量约占全年降水量的70%,缺水的北方仍会造成季节性涝灾。这些地区干旱、季节性涝灾、水土流失严重制约当地农业生产的发展。枣树抗旱、耐涝性强则使枣树成为绿化、水土保持、提高当地农民生活水平、促进当地发展的先锋树种。

枣树耐盐碱、耐瘠薄性强。我国主要的大枣产区都是在不适宜耕作的山区、沙地、盐碱地,枣树为当地农民的脱贫致富以及当地环境的可持续发展做出了积极的贡献。如河北太行山区、陕晋黄河峡谷枣区是典型的旱薄山区,陕西大荔和河南新郑枣区曾是著名的风沙区,河北山东环渤海金丝小枣产区和河南内黄扁核酸枣产区是著名的盐碱区,枣树在当地的发展,使枣产业变成了当地高效益农业。

(二)枣树结果早,丰产性强,经济效益显著

枣树成花容易,花量大,花芽分化与其他果树明显不同,具有当年分化、多次分化、当年结果的习性,花期长达 2 个月,具有丰产潜力。管理水平高的枣园,栽后当年可开花结果。山西省交城县林业科学研究所的临猗枣园超密栽培,实现了栽植当年每公顷鲜枣产量 1789.5 千克,翌年达 19 089 千克,5 年后达 22 500 千克,经济效益可观。在河北太行山区阜平县车道村,60 公顷成龄枣树每年产量稳定在 12 000~15 000 千克/公顷,无虫果率保持在 95%~99%,枣产业成为当地的支柱产业。

(三)枣果营养丰富,医疗保健价值高

枣果营养丰富,有良好的医疗保健价值。红枣所含主要营养物质远高于其他果品,如鲜枣维生素 C 的含量是猕猴桃的 4~6倍,钙和磷是一般水果含量的 2~12 倍。维生素 P 的含量也很高,此外,红枣环磷酸腺苷(cAMP)和糖的含量位居百果前列。据中国医学科学院和北京食品研究所等单位对红枣的测定,每 100 克鲜枣含蛋白质 1.2 克、脂肪 0.2 克、粗纤维素 1.6 克、糖 24 克、胡萝卜素 0.01 毫克、硫胺素 0.06 毫克、核黄素 0.04 毫克、烟酸 0.6毫克、维生素 C 420 毫克、钙 41 毫克、磷 23 毫克、铁 0.5 毫克及多种人体必需氨基酸。制成干枣后,胡萝卜素、硫胺素不变,维生素C 降为 10~20 毫克,其他物质均有增加,糖可增至 73 克。

红枣的医疗作用为历代医学家所重视。《神农本草》中记载"枣主心腹邪气,安中养脾,助十二经,平胃气,通九窍,补少气,少津液,身中不足,大惊,四肢重,和百药"。一代名医张锡纯高度评价"枣虽为寻常之品,用之得当,能建奇功"。现代医学研究,红枣中不但含有维生素 P 等多种维生素,而且还含环磷酸腺苷和环磷酸鸟苷,是人体能量代谢的必需物质,并有扩张血管、增强心肌、改

善心脏营养等作用,可防治高血压、心脑血管病、慢性肝炎、神经衰弱、非血小板减少性紫癜等多种疾病。"日食三枣,一辈子不显老","天天吃三枣,郎中不用找"的民谚正是历史对枣医疗保健价值的总结。

三、国内外生产现状

(一)国 内

1. 枣树的分布 在我国,除西藏、东北等极寒冷地区尚无栽培外,其他省、自治区、直辖市均有枣树栽培。枣树在我国的分布广泛,跨北纬19°~43°、东经75°~125°,北至锦西,西至喀什,南至广西、福建,东至沿海各省。枣树的垂直分布,在东北、西北地区主要分布于海拔200米以下,个别地区可达1300~1800米。在云贵高原可栽植在海拔1000~2000米的地区。我国大面积经济栽培枣树主要在河北、山东、河南、陕西、山西5省的黄河流域;近年来,新疆、安徽、甘肃、湖南、湖北以及京津地区发展也很快。

2. 现状 据《中国枣产业发展报告》编委会调查统计和估测,目前全国枣树栽培总面积约为150万公顷,位居全国果树面积第三,仅次于柑橘和苹果(表1-1),居干果之首。据《中国农业年鉴》统计数据,2008年我国枣总产量(鲜枣)363.41万吨,位居全国果树产量第七,干果之首。占全国果树总面积的10%以上。从1979-2000年22年,我国枣果总产量由33.89万吨增长至130.6万吨,至2008年增长至363.41万吨。可以看出,枣树在我国的发展势头日趋高涨。从国内产枣省、自治区、直辖市来看,河北、山东、河南、山西、陕西是五个产枣大省。5省的产量合计达311.43万吨,占全国枣总产量的85%以上。从表1-2看出,2004—2008 年五大省枣产量逐年增加,山东产量于 2008 年超过河北位居首位,陕西 2008 年产量达 51.5 万吨,跃居第三。近年来,新疆的枣产业发展迅速,从 2004—2008 年,由 1.58 万吨增至 3.03 万吨,产量翻番,超越辽宁、甘肃,位居第六。

《中国果树志》枣卷记载有 700 个品种,制干、鲜食和兼用品种分布在淮河以北,蜜枣类分布在淮河以南,而观赏品种则是零散分布。目前品种结构有所改善,制干品种一统天下的情景逐渐改变,制干、鲜食、兼用和蜜枣品种产量比例为 60:15:20:5,而观赏品种量仍很少。改革开放以来,国内一些科研部门先后研发和组装了一批适合不同区域、不同品种的枣优质丰产配套技术,并建立了相应的优质园。在其示范带动下,枣的生产由过去的广种薄收、粗放管理,向集约栽培、科学管理、提质增效方向发展,产量和品质都得到了一定的提高和改善。采后处理和加工在近 10 多年通过科研单位和枣区相关单位共同攻关,有了明显进步。干枣由过去的大麻袋混装变成了塑料包装,干枣贮藏由原来的缸藏、囤藏、屋藏向冷藏、气调等方式转变。在鲜枣的贮藏方面,也提出了小孔塑料薄膜小包装低温贮藏、气调、冰温贮藏等新技术。但采后处理和加工水平仍待进一步提升。国内的冀、鲁、豫、晋、陕是枣产品主要输出地,而南方和东北是主要输入地。改革开放至 2008 年枣果产量增加了近 10 倍,但售价依然呈现逐年增高的态势。在对外贸易上,我国是唯一的枣果输出国,枣果远销五大洲。消费群体主要是华人,消费市场还有待开拓。

表 1-1　2008 年我国主要果树面积与产量

	合计	柑橘	苹果	枣	梨	桃	柿子	荔枝	葡萄	香蕉
面积 (千公顷)	10 734.3	2 030.8	1 992.2	1 500	1 074.5	695.1	—	563.2	451.2	317.8
产量 (万吨)	11 338.9	2 331.3	2 984.7	363.4	1 353.8	953.4	271.1	150.7	715.1	783.5

表 1-2　我国产枣主要省、自治区、直辖市枣产量　（万吨）

年份	合计	河北	山东	河南	山西	陕西	甘肃	辽宁	新疆
2004	201.1	66.6	53.4	24.7	15.3	13.1	5.9	5.2	1.6
2005	248.9	80.8	68.7	26.8	19.7	18.8	7.6	7.2	2.9
2006	305.3	90.9	85.2	30.1	31.4	28.1	8.2	9.0	4.7
2008	363.4	93.0	99.3	36.7	31.0	51.5	8.3	12.0	13.1

（二）国 外

目前，全世界有 40 多个国家引种我国枣树，但栽培数量都不大，只有韩国形成了商品化栽培。在韩国，枣树主要分布在全罗南道、全罗北道、忠清北道和庆尚南道。主栽培面积 7 000 多公顷，年产量达 2 万吨，约占世界总产量的 1%。目前，韩国的枣果产量尚不够自给，每年还得从我国大量进口原枣及枣的加工品。主栽品种为从地方品种中优选出的绵城、无等、月出、红颜、福枣等。

四、存在的问题及对策

我国的枣产业在新中国成立以后，尤其是近年来得到了长足发展，但枣生产中仍存在诸多问题。品种良莠不齐，在相同管理条件下,有的树上果实累累,产量很高,有的全树基本无果;有的抗病,有的不抗病;有的品种好,有的品种则差。同一个枣园生产的枣果大小不一,风味口感各异,难以做到内在品质与外观质量的一致性,与现代化商品标准要求极不相称,不能适应市场的需求。品种结构不合理,早熟鲜食品种少,市场销售链短。加工品种数量少,缺少现代化大型企业带动枣产业发展,枣产业化水平低。枣园管理粗放,优质果率低、效益差。以上问题都制约了枣业的发展,应在今后生产中解决好,以促进枣业的健康发展。在生产中应注意以下几点。

(一)选育优良品系,搞好品种区域化

近年来,经广大科技工作者和枣农的努力,已选育出众多优良品种(系),改善了原品种的质量,推进了枣业发展,但还应继续努力,发动群众,充分利用丰富的枣资源选出新的抗性更强、品质更优的新品系。新建枣园一定要选择新选育的良种苗木,以保证枣园苗木纯正、品质优良。在推广新品种的同时做好区域化,做到适地适生。

(二)实施有机、绿色、无公害管理,提高枣果品质

目前生产上,有的枣园重栽种轻管理,有的重产量轻质量,致使枣果质量下降,影响市场销售。栽培者和经营者应建立质量第一、品牌至上、诚实守信的现代理念。全面提高枣果品质,除采用优良品种外,还要实施有机、绿色、无公害管理,通过增施有机肥,合理的肥水管理,正确地运用保花促果技术,做到结果适量,适时采收,提高采后加工水平,做好综合配套管理,才能保证枣果的高质量,赢得市场,满足国内外市场的需求。有条件的枣园还可进行有机枣果的生产。

(三)调整品种结构,保证枣业健康发展

在做好品种区域化的基础上,早、中、晚熟,鲜食、加工品种兼顾,根据市场需求,形成一个品种配置合理的结构。这样,一方面可以满足消费者需求,另一方面也可为生产者增加收益,达到双赢。同时,枣果品种合理搭配还有利于延长市场销售链,也可缓解采收、加工的压力,保证枣产业健康持续发展。

(四)推进枣产业化,满足国内外市场需求

目前,我国枣的生产多是一家一户的小生产,无力与现代化大生产抗衡,更无力驾驭国内外市场。有很多应解决而解决不了的问题,如现代化技术的引进与应用、精品名牌商标的创建等,这些问题不解决,直接阻碍枣产业的发展。因此,必须适时扩大经营规模,与现代化大企业联合,走"龙头企业＋基地＋农户"的道路,或组织集产、销、研、加一体化的合作社、产业协会式的产业化,依靠集体力量,通过科技创新,不断提高果实品质、产业化水平,应对千变万化的国内外市场,这是今后枣产业发展唯一的出路。

(五)发展枣业加工,带动枣产业发展

搞好果品加工是实现增值、扩大果品销路、促进果产业发展的重要途径。我国果品加工业相对滞后,果品加工仅占总产量的10%左右,与世界果品加工占总产量的50%差距甚远,枣业加工也是如此。今后要在加工上做文章,运用现代化的技术提升加工品的质量和档次;积极引进国外资金和技术,结合枣独特的营养优势,开发枣功能性深加工产品,扩展枣的应用途径,同时为开拓国际市场,开发新的适合发达国家消费需求的加工品,促进枣产业的健康发展。

第二章 优良品种

一、品种分类

我国对枣品种的分类,尚无统一的划分方法。目前,在生产与研究领域主要有以下3种分类法。其中按用途分类在生产中应用比较广泛。

(一)按花朵坐果最低温度界限分类

1. 广温型品种 开花坐果最低温度界限为日平均温度21℃左右,是适温范围最广的类型。因此,无论在花期凉爽或花期酷热的地区都能栽培,如金丝3号、大白铃枣、大瓜枣、山西梨枣、绵枣等。

2. 普通型品种 开花坐果最低温度为日平均温度23℃。这类品种在山东半岛与内陆的交接地带或内陆地带结果正常,产量比较稳定,枣的大多数品种属于此类,如金丝小枣、无核小枣、圆铃枣、山东梨枣、冬枣等。

3. 高温型品种 开花坐果最低温度为日平均温度24℃~25℃。在夏季气温较低的地区,长势减弱,开花结果不良,如长红等品种。

(二)按果实成熟期分类

1. 早熟品种 果实生育期为70~90天,在河北省太行山区,8月中下旬成熟采收。这类品种多为鲜食品种,如月光、伏脆蜜、六月鲜、枣庄脆枣、长脆枣、乐陵小枣等。

2. 早中熟品种　果实生育期 90～100 天,在河北省太行山区,9 月上旬成熟采收。这类品种颇多鲜食品种,如早脆王、悠悠枣、疙瘩脆、绵枣、大白铃枣等。

3. 中熟品种　果实生育期 100～115 天,在河北省太行山区,9 月中下旬成熟采收。这类品种最多,如妈妈枣、辣椒枣、赞皇大枣、孔府酥脆枣、金丝小枣、圆铃枣、婆枣等。

4. 晚熟品种　果实生育期 120 天以上,在枣主产区,9 月底至 10 月初成熟。这类品种数量较少,如冬枣、杜果冬枣等。

(三)按用途分类

1. 鲜食品种　果实肉质松脆、汁多,甜味浓,常稍具酸味,适于鲜食,不宜制干。如早脆王、月光、大白铃枣、大瓜枣、宁阳六月鲜、孔府酥脆枣、妈妈枣、辣椒枣、冬枣等。

2. 制干品种　果实含干物质多,糖分高,充分成熟的优良制干品种的干物质达 50%～60%。果实主要用作加工,以制作干红枣为主,如婆枣、圆铃枣、长红枣、灰枣等品种。此外,也有用其中果大、肉松、皮色好的品种加工蜜枣;用果小肉细的品种制作糖水罐头,或用制干后的红枣进一步加工成无核糖枣、焦枣、枣泥、枣汁、枣酒、枣蓉、枣糖等产品。

3. 蜜枣品种　果形整齐,较大,呈两端平圆的短柱形或椭圆形,果皮薄,白熟期呈乳白色或浅绿色,肉质较松,含水较少,适于加工蜜枣。如兰溪马枣、连县木枣、南京枣、义乌大枣、宣城尖枣、嵩县大枣等。

4. 兼用品种　果实既可鲜食,又可干制红枣或糖制蜜枣,用途较广。如金丝小枣、赞皇大枣等。

5. 观赏品种　果形奇特或枝条扭曲,主要用作观赏。如茶壶枣、磨盘枣、葫芦枣、龙爪枣等。

二、品种选择

我国枣资源丰富,分布广泛,在数千年栽培中,经过不断的人工选育和栽培驯化,形成了许多品种和品种群。为适应枣商品化生产栽培,在选择良种时应注意以下几方面。

(一)明确栽培目的

选择适宜品种首先要考虑栽培目的,如加工蜜枣就要引种适宜加工蜜枣的品种。大中城市郊区、县应适当发展鲜食品种,山区丘陵地就要选用制干品种等。

(二)选择适地品种

要看该品种是否适合当地的气候、土壤等条件,按照适地适树的原则选择品种。在降水、土壤和灌溉条件较差的地区,应选择抗旱力强的品种。在盐碱较重的地区,应选择耐瘠薄、耐盐碱的品种。在风力较强的山区,应选择抗风、抗寒的品种。秋季果实成熟期,在雨水较多的地区,应选择抗裂果和抗落果的品种。枣树花期的低温、降水、干旱等也是影响栽培是否成功的重要因素,选择品种时,一定要注意到花期是否会出现低温现象,避免因环境不适宜而导致栽培失败。

(三)选择优良品种

1. 早丰性 早丰性是枣苗定植后开始结果并很快形成经济产量的性状。枣不同品种进入结果期的时间相差很大,有的品种定植当年即可结果,而有的品种的幼龄期长达 7~8 年。因此,选择良种时,早实性是选择标准之一。应选择树体当年抽生的发育枝所形成的结果枝组当年就具有开花坐果的能力,并可正常成熟,形成商品果。在较好的土肥水管理条件下,优良的枣树品种定植后1～2年即可开花结果,第三年即可形成较高的商品产量,5～8年进入盛果期。

2. 稳产性 在适宜的气候、土壤和管理条件下坐果稳定,2年生以上结果母枝抽生的结果枝具有较强的坐果能力,落花落果轻,没有大小年现象,年年丰产。

3. 果实品质 果形美观,果面鲜艳光亮,大小、形状整齐。制干枣果皮有韧性,抗压,耐搓揉,不易折裂和脱皮,抗裂果;鲜食枣果皮薄、脆。可溶性固形物含量30%以上。制干品种熟食时,果肉不面,酸甜适口,没有明显苦味或辣味。鲜食品种,果肉细嫩,多汁,酸甜可口。果实可食率应高于95%。

4. 抗病性 枣树品种对枣锈病抗性差异不明显,在病害流行的年份或地区,各品种都会发病。对枣疯病抗性品种间差异较明显,长红枣较抗枣疯病,圆铃枣抗性较差。枣果对炭疽病和缩果病的抗性品种间差异很大。选择良种时,应选择在当地气候条件下,常年病果率低于5%～10%的品种。

三、优良品种介绍

(一)制干品种

1. 婆 枣

(1)来源与分布 婆枣又叫行唐大枣、阜平大枣、曲阳大枣、唐县大枣等,主产于河北太行山的行唐、阜平、曲阳、唐县等浅山丘陵地带,是河北省的主栽品种。目前,从婆枣中选育出来的优系如行唐圆枣、行唐长枣、行唐墩子枣等其综合性状优良,应予推广。

(2)品种特性 果实长圆形或卵圆形,侧面稍扁,大小整齐,平均单果重11.5克。果面平滑,果皮较薄,棕红色,韧性差。着色前阳面有褐色晕块。果点大,着色前为绿白色,之后转为棕色。果肉乳白色,粗松少汁,可食率95.4%,制干率53.1%。干枣含总糖73.2%,酸1.44%,果肉厚,甜酸适口、糯性强、品质上等。多数不含种子。9月下旬至10月上旬成熟。

树体高大,树姿开张,树势强健,干性强,发枝力弱,对风土适应性强,耐旱、耐瘠薄,花期适应较低气温和空气湿度,产量高且稳定。结果晚,且易裂果。

(3)栽培技术要点　秋季多雨地方不宜引种,栽培中应注意缩果病和裂果病的防治。发展时应注意选育优系。

2. 扁核酸

(1)来源与分布　扁核酸又叫酸铃、铃枣、鞭干,因果核扁、果肉酸而得名,是河南省第一大主栽枣品种。主产区在河南豫中平原黄河故道地区以及河北省南部邯郸、邢台地区和山东的东明等地。

(2)品种特性　果实椭圆形或圆形,侧面稍扁,平均单果重10克,大小不整齐。果面整齐,果皮深红色,光亮,着色时由果肩向果顶转红。果肉绿白色,质地粗松,稍脆,汁少,甜味较淡,略具酸味,含可溶性固形物30%,可食率96%,制干率56%。干枣品质中等,耐贮运。多数不含种子。9月底至10月上旬成熟。

树体高大,树姿开张,树势强,适应性强。当年生枣头结果能力强。

(3)栽培技术要点　该品种适应性强,适宜土质差、沙性重的地区栽培。进入结果期较早,丰产、稳产且裂果少。

3. 圆铃枣

(1)来源与分布　圆铃枣又叫紫铃、圆红、紫枣,是山东省第二大主栽枣品种。主产于山东聊城、德州地区,河北西南部,河南东部等地也有成片集中栽培。

(2)品种特性　果实近圆形或平顶锥形,侧面略扁,大小不太整齐,平均单果重 12.5 克。果面不平,略有凹凸起伏。果皮紫红色,有紫黑色点,富光泽,较厚,韧性强。果肉厚,绿白色,质地紧密,较粗,汁少,味甜,鲜食风味差,制干率 60%～62%,干枣含糖74%～76%、酸 0.8%～1.4%,品质上等,极耐贮运。一般不含种子。9 月上中旬成熟。

树体高大,树姿开张。发枝力强,干性弱。丰产、稳产且不易裂果。

(3)栽培技术要点 适宜中大冠树型,幼树期利用枣头摘心促进结果,实现早丰。该品种产量较高而稳定,不裂果,可在多数地区发展,新发展时应注意选择优良品系如圆铃 1 号、圆铃 2 号。

4. 星 光

(1)来源与分布 星光由河北农业大学中国枣研究中心,从骏枣中选育出的高抗枣疯病新品种,2005 年 12 月通过了河北省林木品种审定委员会审定。

(2)品种特性 果实大,近圆柱形或倒卵圆形,平均单果重 22克。果面光滑,深红色。果肉厚,白色或绿白色。脆熟期果实含可溶性固形物 33%,糖 28%。果实可食率 96%,制干率 56%,干枣品质优良。9 月中旬成熟。

树体半开张,发枝力中等,枝条粗壮,新枣头结果能力强,丰产,但易裂果。

(3)栽培技术要点 该品种极抗枣疯病,可作为抗枣疯病优良制干品种推广。

5. 石枣一号

(1)来源与分布 石枣一号由河北省农林科学院石家庄果树研究所,从婆枣资源中选出的高抗缩果病优株,2008 年 10 月通过河北省科学技术厅组织鉴定。

(2)品种特性 果实圆柱形,果形端正,平均单果重 14.3 克。果面平滑,紫红色,果肉绿白色,果肉厚,肉质致密,制干率

56.7%,甜酸适口,品质中上等,可食率97.2%。果核小,多不具种仁。9月中旬成熟,9月下旬进入完熟期。

树体高大,树姿半开张,树势强健,干性强,枝刺退化。适应性强,对缩果病抗性强,且不易裂果。

(3)栽培技术要点　参照婆枣。

6. 相　枣

(1)来源与分布　相枣又叫贡枣,原产自山西运城,是当地主栽品种,已有3 000多年的栽培历史。

(2)品种特点　果实卵圆形,果个大,平均单果重22.9克。果皮厚,紫红色,果面光滑。果肉厚,绿白色,肉质硬,味甜少汁,鲜枣含可溶性固形物28.5%,制干率53%,干枣品质上等。可食率97.6%。果核小,较大果的核内含不饱满种仁,小果的核质较软,有轻度退化现象。9月中旬成熟。

树体较大,树姿半开张,树势中庸。适土性较强,耐干旱,不耐霜冻。结果早,产量中等。成熟期遇雨裂果较轻。

(3)栽培技术要点　花期通过抹芽、摘心、喷施微肥等措施,促花保果,提高产量。

(二)鲜食品种

1. 冬　枣

(1)来源与分布　冬枣又叫黄骅冬枣、鲁北冬枣、苹果枣、冰糖枣、雁过红等,是河北省和山东省主栽鲜食枣品种,主产区为河北沧州和山东沾化等地。

(2)品种特性　果实近圆形,果面平整光洁,平均单果重14.5克。果柄较长。果皮薄而脆,赭红色。果肉绿白色,细嫩多汁,甜味浓、微酸,含可溶性固形物在白熟期27%、着色后34%～38%、完熟前40%～42%,可食率96.9%,鲜食品质极上等。果核小,多数具饱满种子。9月底(白熟期)至10月中旬(完熟期)均宜鲜食,

可陆续采收。

树体较大,树姿开张,发枝力中等,幼树期较强。花期要求温度较高,日平均温度为 24℃～26℃坐果才好,适应性较强,耐盐碱,幼树耐寒性差,特别是冬季温度骤然变化易受冻害。

(3)栽培技术要点 早期丰产性、适应性一般,宜选土壤深厚肥沃、生长期长、管理水平较高的地区发展。花蕾期、花期、幼果期要通过抹芽、摘心等手段严格控制枣头生长,花期环剥宽度较一般枣树宽。要加强以增施有机肥为主的土肥水管理,注意果实病害的防治。

2. 临猗梨枣

(1)来源与分布 临猗梨枣是山西省主栽鲜食枣树品种。原产自山西南部的运城、临猗等地。

(2)品种特性 果实特大,长圆形,平均单果重 30 克。果梗细,果皮薄,浅红色,果面不平整,果点小而密。果肉厚,白色,肉质松脆,汁多味甜,品质上等,适宜鲜食。鲜枣含可溶性固形物27.9%,可食率96%,核无种仁。9月中下旬至10月上旬成熟。

树体较小,干性弱,枝条密,树姿开张。结果早,新枣头结实力强,早产性好。但易感枣疯病和缩果病,易裂果。成熟期落果较严重。

(3)栽培技术要点 宜小冠密植模式栽培,幼树期充分利用新枣头结果和扩大树冠,该品种枣股1～2年生坐果好,进入结果期应及时更新枣头,及时疏除膛内无用枝条,保持冠内通风透光良好。应适时补钙,以减少后期裂果。成熟期落果较重,需适时分期采摘。

3. 石 光

(1)来源与分布 石光由河北省农林科学院石家庄果树研究所从临猗梨枣中选出,2009 年 12 月通过河北省林木品种审定委员会审定。

(2)品种特性　果实圆形或短卵圆形，果个大，平均单果重33.4克。果皮较薄，赭红色。果肉绿白色、致密、松脆，风味酸甜适口，含可溶性固形物25.2%，可溶性糖21.9%，可滴定酸0.37%，维生素C含量293.16毫克/100克，可食率97.1%。果核小，多数无种仁。果实9月下旬至10月上旬成熟。

树势中庸，干性较强，树姿开张，枝刺不发达。新枣头结果能力强，早期丰产性强。嫁接苗当年开花结果，抗缩果病能力较强。有采前落果现象和轻微裂果。

(3)栽培技术要点　参照临猗梨枣。

4. 月　光

(1)来源与分布　月光为河北农业大学从河北太行山区选育的极早熟鲜食品种，2005年通过河北省林木品种审定委员会审定。

(2)品种特性　果实橄榄形，单果重10～13克。果皮深红色，果面光滑，果皮薄，果肉质地细脆，汁液多，酸甜适口，风味浓，鲜食品质极佳。含可溶性固形物28.5%，可溶性糖25.4%，可滴定酸0.26%，维生素C 206毫克/100克，粗纤维7.43%，蛋白质2.28毫克/克，富含磷、铁、钙、锌等矿质元素。果核长梭形，较小，可食率约96.8%。含仁率为66%，种仁饱满。在河北保定，8月中下旬果实成熟，果实发育期80天左右。

适应性强，耐瘠薄，尤其抗寒性突出，成熟期遇雨裂果较轻。早果、丰产性强。

(3)栽培技术要点　枝条稀疏，托叶刺不发达，便于管理。耐阴性较强，适合设施栽培。

5. 伏 脆 蜜

(1)来源与分布　伏脆蜜由山东省枣庄市果树科学研究所等从枣庄脆枣中优选而来，2002年9月通过鉴定。

(2)品种特性　果个中大，果实短圆柱形，较整齐。平均单果重 16.2 克,最大果重 27 克。果面光滑,果皮紫红色。果肉酥脆,汁多味甜。脆熟期鲜果含可溶性固形物 29.9%,维生素 C 239.2 毫克/100 克,品质极上等。核较小,内有 1~2 粒种子,可食率约 96.9%。在山东枣庄,果实 8 月上旬白熟,8 月中旬脆熟,8 月下旬完熟。

树势较强,树体中大,枣头生长旺盛,针刺不发达。萌芽率和成枝力强。自花结实率较高。早实丰产性较强。适应性强,较抗寒、抗旱、耐瘠薄,病虫害少,采前不裂果。

(3)栽培技术要点 该品种成熟期早,且早期丰产性强,适合密植栽培和保护地促成栽培。适合我国大多数枣区栽培。

6. 悠悠枣

(1)来源与分布 悠悠枣由河北省涿鹿县从当地悠悠枣品种资源中优选而来,2005 年 12 月通过河北省林木品种审定委员会审定。

(2)品种特性 果实长椭圆形,两头稍尖,平均单果重 12.3 克,最大果重 20.8 克,大小均匀。果皮鲜红色,果面光洁。果皮薄,核小,平均核重 0.4 克。果肉绿白色,细脆,汁液多,具清香味,风味酸甜,品质极佳。含可溶性固形物 35%~41%,可食率 97.2%。一年两熟,一次果约占 70%,二次果约占 30%。在河北省涿鹿地区一次果 9 月中旬成熟,二次果最晚于 10 月中旬成熟。

树姿开张,干性强,自花结实率高,早果,丰产性强,裂果率低。

(3)栽培技术要点 该品种适应性强,适于丘陵、山区栽植。

7. 京枣 39

(1)来源与分布 京枣 39 由北京市农林科学院林业果树研究所选育,2002 年 9 月通过专家鉴定。

(2)品种特性 果个大,果实圆柱形,平均单果重 28.3 克,大小较整齐。果皮深红色,果面光滑。果肉厚,绿白色,肉质松脆,汁多,味酸甜,鲜食风味佳,品质上等。鲜枣含总糖量 21.7%,可溶性固形物 25.4%,总酸 0.36%,可食率 98.7%。果核小,核内多无种子。在北京,果实 9 月中旬成熟。果实较耐贮藏。

该品种干性强,生长势旺,结果早,丰产性好。抗逆性好,抗寒、抗旱、耐瘠薄,对土质要求不严,抗枣疯病、炭疽病、果锈病强,适宜北方枣区栽植。

(3)栽培技术要点　宜采用小冠密植模式。幼树应注意协调营养生长与生殖生长,在实现早果、丰产的同时培养合理的树体结构。

8. 辣椒枣

(1)来源与分布　1983 年山东省果树研究所在山东夏津选出的优良株系。

(2)品种特性　果个中大,果实长锥形或长椭圆形,果顶部呈乳头状。单果重 11.2～12 克,大小整齐。果面光亮,果皮紫红色。果肉白色,肉质细脆,汁液较多,甜酸可口,半红果可溶性固形物含量 31%。果核小,可食率 97.2%,品质上等。9 月中旬成熟。

树体较小,发枝力较弱。适应性和早实性强,果实病害少,成熟期遇雨裂果较重,适合成熟期少雨的地区成园密植栽培。

(3)栽培技术要点　适合小冠密植栽培,注意防治裂果。

9. 早脆王

(1)来源与分布　早脆王由河北省沧县林业局选育,2000 年 4 月通过河北省林木品种审定委员会审定。

(2)品种特性　果实特大,卵圆形,平均单果重 30 克,大小均匀。果皮薄,鲜红色,果面较光滑。果肉绿白色,肉质酥脆,甜酸可口,有清香味,品质上等。脆熟期含可溶性固形物 39.6%。果核小,可食率高达 96.7%。在河北沧州 8 月上旬进入白熟期,9 月上中旬果实脆熟着色。

树势中庸,枣头枝萌芽力中等,当年生枣头生长量大,着生二次枝较多。枣股抽生枣吊能力强。早实丰产性强。抗旱、耐涝、耐盐碱,果实病害较少。

（3）栽培技术要点　注意控制枣头生长,保证树体通风透光,达到早产、丰产。

10. 莒州贡枣

（1）来源与分布　原产自山东莒县,数量稀少。莒县林业局进行了扩繁推广,于 1997 年通过山东省日照市科学技术委员会鉴定。

（2）品种特性　果实扁圆形或圆形,平均单果重 27.6 克,大小均匀。果面富有光泽,呈深红色。果肉淡绿色,肉质致密,汁液中多,甜脆爽口。含可溶性固形物 31.8%。果核呈三角形,有 1 枚种子,种子饱满率 93%。可食率 97%。

树体高大,树势强,枝条粗壮。枣头枝结果力强,早期丰产性能优良。自花结实率高。采收前遇雨无裂果。适应性强,耐瘠薄。

（3）栽培技术要点　注意控制枣头生长,重视夏剪,保证树体通风透光,达到早产、丰产。

11. 六 月 鲜

（1）来源与分布　山东省果树研究所从山东宁阳选出的早熟鲜食品种,2000 年通过山东省作物品种审委员会审定。

（2）品种特性　果实长椭圆形,平均单果重 13.6 克。果皮光亮,浅紫红色。果肉绿白色,质细松脆,甜味浓,脆熟期含可溶性固形物 32%～34%,可食率 97%,鲜食品质上等。成熟期在 8 月下旬至 9 月上中旬。

树体中大,树势较弱,适应性差,要求土壤深厚肥沃,花期温度较高,若日平均温度在 24℃ 以下,坐果不良。早实丰产性强。成熟期遇雨极少裂果。果实极少受炭疽病、轮纹病危害。

（3）栽培技术要点　宜采用小冠密植模式栽植,引种时要充分考虑当地花期温度和土壤状况,以免引种失败。

12. 孔府酥脆枣

（1）来源与分布　山东省果树研究所从山东曲阜筛选出来的优良鲜食品种,2000 年通过山东省农作物品种审定委员会审定。

（2）品种特性　果实长椭圆形，大小整齐，单果重 13～16 克。果面不平，果皮中厚，光亮，深红色。肉质酥脆，汁中多，甜味浓，稍具酸味，可溶性固形物含量白熟期为 28％，全红脆熟期高达 35％。果核较小，可食率 96.5％，品质优良。在山东中部，从 8 月中旬果实开始着色至 9 月中旬完全着色期间，均可采收食用。

树体中等大，树姿开张。结果早，坐果率高，丰产。果实较抗病，一般年份裂果极轻。

（3）栽培技术要点　幼树期应注意树形培养，盛果期应控制膛内大枝，保持冠内通风透光。

13. 金铃圆枣

（1）来源与分布　由辽宁省朝阳市经济林研究所发现的优良单株，2002 年 9 月通过辽宁省林木品种审定委员会审定。

（2）品种特性　果实特大，近圆形，平均单果重 26 克，最大果重 75 克，果皮薄，鲜红色。果肉厚，绿白色，肉质致密，酥脆多汁，味甜酸，品质上等。可溶性固形物含量 29.2％，枣核小，鲜枣可食率 96.7％。在辽宁省朝阳市，果实 9 月初开始着色并进入脆熟期，采收期可延迟至 9 月底。

树势强壮，抗寒性强，耐旱、耐瘠薄，在北方干旱少雨地区栽培，很少发生病虫害，可在辽宁北纬 41.5°以南的地区栽培。

（3）栽培技术要点　幼树期应注意树形培养，调控营养生长与生殖生长，达到早期丰产。

（三）兼用品种

1. 金丝小枣

（1）来源与分布　金丝小枣是河北省和山东省第一大主栽品种（制干为主，兼可鲜食），主产区在河北和山东交界的环渤海盐碱区，栽培历史悠久。

（2）品种特性　果个较小，单果重约 5 克。果实椭圆形或长椭圆形。果皮薄,鲜红色,光亮整洁。果肉乳白色,质地致密细脆,汁液中多,味甜,含可溶性固形物 34%～38%,可食率 95%～97%,制干率 55%～58%。宜制干和鲜食,品质上等。干枣果形饱满,果皮深红色、光亮,枣核小,肉厚、质细,饱满,富有弹性,果肉含糖 74%～80%,酸 1%～1.5%,味清香浓甜,无苦辣异味,耐贮运,品质极上等。果实 9 月上旬着色,9 月下旬完全成熟。

树势较弱,树姿开张,树体中大。花量大,自然坐果率低。果实成熟期不抗裂果。

(3)栽培技术要点 要选择气候环境适宜及土壤深厚的壤土或黏质壤土栽培,适宜中冠型栽植,应加强以增施有机肥为主的土肥水管理,开花前应控制枣头生长,花期必须采取环剥等提高坐果率的技术措施,保证枣的优质、丰产。加强以叶蛾和枣锈病为重点的病虫害防治,栽培中注意补钙,以减少后期裂果。

2. 金丝新 4 号

(1)来源与分布 金丝新 4 号由山东省果树研究所从金丝新 2 号的自然杂交实生树中选出,1998 年通过山东省作物品种审定委员会审定。

(2)品种特性 果实近长圆筒形,单果重 10～12 克,是金丝小枣品种群中果个最大的品种之一。果实整齐,果面光洁,果皮薄,紫红色。果肉细,致密脆甜,口感好,含可溶性固形物 40%～45%,可食率 97.3%,制干率 55%左右。干红枣浅棕红色,肉厚富弹性,光亮美观,品质极上等。果核较小,多数有种仁。在山东 9 月底至 10 月初成熟。

树势及早实性强,极丰产,花量大,坐果率高。在山地、平原、盐碱地上均可生长。抗炭疽病、轮纹病,一般年份裂果少。可在我国北方和南方发展。

(3)栽培技术要点 在管理水平较好的条件下,花期可无须采取环剥措施,花期温度要求不如金丝小枣高,比金丝小枣有更宽的栽培区域。

3. 无核小枣

（1）来源与分布　无核小枣又名虚心枣、空心枣，由河北省农林科学院昌黎果树研究所从沧州的无核小枣中选出的优系，1996年通过了河北省科技厅鉴定。

（2）品种特性　果实长柱形，腰部细，形似枕头，平均单果重2.45克。果皮薄，红色。果肉黄白色，质脆细密，汁液中等。鲜枣含可溶性固形物38%，干枣为60.12%，制干率58.1%。果核退化成膜片状或仅存痕迹，制干不影响品质。9月下旬果实成熟。

树体中等大，树姿开张，树势中等，结果较早，丰产稳产，品质优良。

（3）栽培技术要点　参照金丝小枣。

4. 无核丰

（1）来源与分布　由河北青县林业局从青县无核小枣中优选的单株，2003年通过河北省林木品种审定委员会审定。

（2）品种特性　果实长圆形，果形端正，平均单果重4.63克，鲜枣含可溶性固形物35.6%，维生素C 384.4毫克/100克。核基本退化，无核率100%。制干率65%。鲜食、制干品质优良，9月上旬果实着色，9月中旬果实成熟。

树势中庸，发枝力强，树姿开张。早果、丰产，无大小年结果现象，无采前落果，裂果轻。该品种抗干旱、耐盐碱能力强。

（3）栽培技术要点　参照金丝小枣管理。

5. 赞皇大枣

（1）来源与分布　赞皇大枣又名赞皇长枣、金丝大枣，是目前唯一已知的自然三倍体品种，在赞皇已有4000多年栽培历史，是河北省第三大主栽枣品种。主产区在河北太行山区中段的赞皇县、临城、元氏，近年来已在辽宁、新疆、甘肃、山西、陕西等西北、东北省份大规模引种栽培，表现良好。

（2）品种特性 果实长圆形或倒卵形，平均单果重17.3克，最大果重29克大小整齐，果面平整。果皮深红褐色，较厚。果肉近白色，致密质细，汁液中等，味甜略酸，含可溶性固形物30.5％，可食率96％，制干率47.8％。鲜食风味中上等。干制红枣果形饱满，有弹性，耐贮运，品质上等。加工蜜枣品质优良，果核不含种子。9月下旬成熟。

树体高大，树姿半开张，发枝力弱，适应性较强，耐瘠薄、耐旱，丰产稳产，干制和加工蜜枣品质上等，也宜鲜食，用途广泛，但不抗裂果和枣疯病。

（3）栽培技术要点 适合北方日照充足，夏季气候温热的地区大力发展。注意防治枣裂果病。该品种变异较大，发展时应注意选择优良品系，如赞晶、赞玉、赞宝。

6. 赞 晶

（1）来源与分布 由河北农业大学和赞皇县林业局从赞皇大枣中优选出的变异单株，2004年通过河北省林木品种审定委员会审定并定名，是赞皇大枣更新换代品种之一。

（2）品种特性 果实近圆形，平均单果重22.3克，最大果重31克。果面光洁，果皮深红色。果肉厚，鲜白色，口感酥脆，汁液中等，微酸。鲜枣含总糖28.6％，总酸0.31％，维生素C 415毫克/100克。干枣含糖量63.44％，制干率56.3％，干枣品质优良。鲜食、制干兼用。果实9月中下旬完熟。

树势强健，树姿较开张。该品种极耐干旱，丰产稳产，耐瘠薄，抗铁皮病、枣疯病较差，果实成熟时遇雨易裂果。

（3）栽培技术要点 秋季多雨的地方不宜引种，栽培中应注意缩果病和枣疯病的防治。自花结果率低，宜配置其他品种授粉，果实生长期应当补钙，防治裂果。

7. 金昌一号

（1）来源与分布 1986年从山西省太谷县北乡壶瓶枣变异单

株中选育而来,2003 年 9 月通过山西省林木品种审定委员会审定,是壶瓶枣的更新换代品种。

(2)品种特性 果实特大,短柱形,平均单果重 30.2 克。果面光滑,果皮深红色。鲜枣果肉淡绿色,质地酥脆,汁液多,酸甜可口。含可溶性固性物 38.4%。鲜枣可食率 98.6%,制干率 58.3%。干枣肉质细腻,含糖量 73.5%,品质上等。核较小。果实 9 月下旬成熟。是鲜食、制干、加工兼用品种。

树姿较开张,枣头萌发力强,生长势也较强。早实性好,丰产、稳产。耐旱、耐瘠薄,在黏性、微碱性土壤上生长良好。抗枣疯病,较抗炭疽病和锈病。

(3)栽培技术要点 果实成熟期秋雨多的地方不宜发展。幼树期应控制直立枝条旺长,坐果前期应注意枣头适时摘心,协调营养生长与生殖生长。果实生长后期应适当补钙,以减轻裂果。

8. 骏 枣

(1)来源与分布 原产自山西交城,是当地主栽品种,已有 1 000 余年栽培历史。

(2)品种特点 果实大,圆柱形,平均单果重 22.9 克。果面平滑,果皮薄、深红色。果肉厚,肉质细、松脆,汁液中多、味甜,含可溶性固形物 33%,可食率 96.3%,制干率 40%,品质上等。核小,大果含仁率 30%。9 月中旬成熟。适宜制干,红枣深红色,有光泽,肉质松,品质中上等,也可加工醉枣或蜜枣等。

树势强,树体高大,干性强,树姿半开张,结果较早、较丰产。耐旱、耐盐碱、抗枣疯病。果实成熟遇雨易裂果。

(3)栽培技术要点 适宜培养中冠或大冠树形,幼树注意控制直立枝,培养平斜结果枝组,以利于早结果,注意防治裂果。

9. 骏枣 1 号

(1)来源与分布 由山西省林业科学研究院从骏枣中优选而来,2003 年通过山西省林木品种审定委员会审定。

（2）品种特性 果实柱形，果个特大，平均单果重35克。果面光滑，果皮薄、深红色。果肉淡绿色，脆甜。鲜枣可食率97.1%，含糖32%，酸0.45%，维生素C 453毫克/100克。红枣含糖量76%。果核长纺锤形，核尖长，核纹深。种仁不饱满。适宜鲜食、制干、加工。9月上中旬果实成熟。

树势强健，树姿半开张。抗寒性较强，耐干旱、瘠薄、高温，抗风沙，早实、丰产、优质。

（3）栽培技术要点 参照骏枣。

10. 灰 枣

（1）来源与分布 主产于河南豫中平原黄河故道区，已有2 700余年栽培历史，是河南省第二大主栽品种。近年来，在新疆南部大量引种栽培，表现良好。

（2）品种特性 果实长倒卵形，胴部上部稍细，略歪斜，平均单果重12.3克。果面较平整，果皮橙红色。果肉绿白色，质地致密、较脆，汁液中多，味甜，含可溶性固形物30%，可食率97.3%，适宜鲜食、制干和加工，品质上等。制干率50%左右。干枣果肉致密，有弹性，受压后能复原，耐贮运。果核含仁率4%～5%，种子较饱满。果实9月中旬成熟。

树姿开张，树体中大。该品种适土性强，对土壤要求不严，结果较早，丰产、稳产，果实较大，品质优良，可食率高，用途广泛，为制干、鲜食、加工兼用优良品种。唯成熟期遇雨易裂果。

（3）栽培技术要点 秋雨多的地区不宜栽植。

11. 泗洪大枣

（1）来源与分布 原产自江苏泗洪县，1995年通过江苏省农作物品种审定委员会审定。

（2）品种特性 果实长圆形或近圆形，果个大，平均单果重30克。果面不平，果皮紫红色，稍有棱起。果肉淡绿色，肉质酥脆，果汁多、味甜，含可溶性固形物30%～36%，品质上等。宜生食。果实 9 月中下旬成熟。

树势强,树姿开张,发枝力强。适应性强,抗旱、耐涝、抗风、耐盐碱、耐瘠薄,抗枣疯病。果实成熟期遇雨不裂果。

(3)栽培技术要点　幼树期应控制直立枝,减少营养生长,及时抹芽、摘心,促进生殖生长,早结果。其他参照枣栽培部分。

(四)观赏品种

1. 龙　枣

(1)来源与分布　龙枣又名龙须枣、曲枝枣。起源不详,从植物特性上系长红枣品种的特殊变异。分布于北京、河北、山西、河南、陕西等地。

(2)品种特性　果实扁柱形,平均单果重 3.1 克。果面不平,果皮红褐色,较厚。果肉绿白色,质地较粗,汁液少,甜味淡,鲜食品质差,干枣品质中下等。果核小,核内无种子,9 月下旬成熟。

树体小,树姿开张,枝形弯曲不定,或蜿蜒曲折,或盘曲成圈,颇具观赏价值。结果早,嫁接当年即能开花结果。

(3)栽培技术要点　龙枣枝形奇特,适合制作盆景或庭院栽培,在栽培过程中做到随树整形,或随"意"整形,以增强其观赏价值。

2. 葫 芦 枣

(1)来源与分布　在河南各地均有栽植,其中内黄、南阳、淇县、延津等地数量较多。

(2)品种特性　果实中等大,葫芦形,平均单果重 11.6 克,大小不整齐。果皮光洁,赭红色,中等厚。果肉乳白色,酥脆多汁,含可溶性固形物 22%,可食率 94.1%,鲜食、制干均可,品质中等。果核较小,核内多无种子。9 月中旬成熟。

树势中等,树姿开张,发枝力较弱。花量多,产量中等。适应性一般。

(3)栽培技术要点　果实为葫芦形,具有较高的观赏价值,适

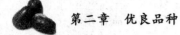

合制作盆景。

(五)加工品种

1. 灌阳长枣

(1)来源与分布 灌阳长枣又名牛奶枣,主要分布在广西灌阳,为当地主栽品种。

(2)品种特性 果实长圆柱形,较大,平均单果重14.3克,较整齐。果面不平整,果皮较薄,赭红色。果肉黄白色,质地较细,松脆,汁少味甜,白熟期含可溶性固形物18%以下,可食率96.9%,制干率35%～40%。鲜食制干品质中等,适宜加工蜜枣。当地8月中旬开始着色,9月上旬完全成熟。

树体较大,树姿开张,结果早,产量高且稳定。适应性强,抗干旱、耐瘠薄。

(3)栽培技术要点 注意培养树形,合理配置枝量,保证树体通风透光,促进坐果,提高产量。

2. 义乌大枣

(1)来源与分布 义乌大枣又名大枣,原产自浙江东阳市,从优良的实生株系中选育而成,分布于浙江的义乌、东阳等地,为当地主栽品种。

(2)品种特性 果实圆柱形或长圆形,平均单果重15.4克。果皮赭红色、较薄,果面不平滑。果肉厚、质松、乳白色,果汁少,白熟期含可溶性固形物13.1%,可食率95.7%。核中等大,多具饱满种子。8月中旬果实白熟期。宜加工蜜枣,品质上等。

树体较大,树势中庸,树姿较开张。结果较早,产量高,但不稳定。自花结实率低。抗旱、耐涝,喜肥沃土壤。

(3)栽培技术要点 适合南方枣区栽植,栽植时应配置授粉品种,当地以马枣作授粉品种。应注意肥水管理,以期高产、优质。

第三章　整形修剪

　　整形修剪是枣树栽培管理中一项重要措施,其目的是形成合理的树体结构,调节营养生长与生殖生长的矛盾,维持生长、结果的平衡关系,改善树冠各部位的光照条件,促进幼树早结果,延长枣树的结果年限,从而达到早果、丰产、稳产、优质的目的。

一、整形修剪的目的与意义

　　枣树整形修剪的目的就是调整树体结构,改善树体的通风透光条件。因此,在枣树整形修剪过程中,要特别注意不能打乱原有的树形,对于过多的枝头、徒长枝、内膛枝要及时疏除。总之,通过修剪要使树体结构稳定、通风透光,改善树冠各部位的光照条件。

二、整形修剪的特点

　　枣树的枝芽种类、花芽分化及开花结果特性与其他果树不同。因此,在整形修剪上也有其特点:一是枣树的结果枝是脱落性枝,花芽随枣吊生长而不断分化,且枣树花量大,在修剪时不必考虑结果枝的培养与调整,只要树体结构合理,通风透光,便可做到立体结果。二是与其他果树营养枝数量相比,枣树的枣头数量少,且枣头当年便可转化为结果枝组,故枣头生长与结果的矛盾不很突出,且易调控。三是枣树的结果枝组易培养和更新。枣树的结果枝组由枣头转化而来。1个枣头有数个永久性二次枝,每个二次枝着生多个枣股,每个枣股上着生1个或多个枣吊(即结果枝)。通常枣头通过摘心便可培养成结果枝组,有的枣头单轴连续生长,形成较大的结果枝组。枣树的结果枝组比较稳定,生长量小,连续结果能力强,可连续结果数年至数十年,当结果枝组衰老时,通过修剪易促发新枣头,结果枝组更新容易。四是枣树自然分枝能力差,隐芽萌发后易扰乱树形,在整形修剪时要特别注意各级骨干枝的培养。保持各级骨干枝的从属关系,以形成合理的树体结构。

三、主要修剪方法及作用

(一)休眠期修剪(冬剪)的常用方法

1. 疏枝　就是将枝条从基部去除。主要用于对过密枣头、病虫枝、内膛细弱枝、无用徒长枝、下垂枝及交叉枝的处理。疏枝能去掉多余的枝条,因而能起到使树体通透性好、枝条分布均匀、树势均衡,以及集中营养的作用。

2. 短截　就是把1年生的枝剪去一部分。多用于幼树定干和不同龄期树结果枝组的培养。它的作用是增强留下部分的长势,促使主芽萌发抽生新枝。

3. 回缩　即剪去多年生延长枝、结果枝的一部分。主要用于老树更新和结果枝组的复壮。回缩可明显增强树体生长势,在向上分枝处回缩还可抬高枝头角度。

4. 缓放　是指对枣头一次枝不进行修剪。一般对骨干枝的延长枝进行缓放,可使枣头顶端主芽继续萌发生长,以扩大树冠。

5. 重回缩(平茬)　密植枣园生长郁闭时,就需重回缩,重新打开光路。遇有严重冻灾,枣树上部冻死、下部成活时,也可采用重回缩。

(二)生长季修剪(夏剪)的常用方法

1. 拉枝　对于幼树,由于生长直立,影响光照,要用铁丝或绳

30

子将大枝的角度和方向改变,主要用于开张骨干枝角度。为了防止从基部劈裂,尤其是基角小的枝条,基部要用绳绑紧,在枝条系绳或铁丝部位可垫上衬物(如鞋底、布块等),以防拉绳或铁丝陷入皮内,使枝条受伤。

2. 撑枝 就是用木棍等支撑物将枝条角度撑开。

3. 摘心 在生长季将新生枣头顶芽摘除。视留枝的长短分为轻摘心和重摘心,有控制枣头加长生长和提高坐果率的作用,而摘心越重效果越明显。5月下旬对枣头摘心,二次枝于5月底至6月初摘心。枣吊摘心于6月中下旬进行。摘心越早,保花保果效果越好。

4. 抹芽 在生长季将萌生的芽抹去,作用是减少养分消耗。萌芽后对无生长空间的枣头抹芽。成龄树枣头留2～6个二次枝摘心。二次枝随生长随摘心。

5. 拿枝 在生长季对当年生枣头和二次枝,用手握住枝条基部和中下部轻轻向下压数次,使枝条由直立生长变为水平生长,缓和生长势,有利于开花坐果。

6. 扭梢 在生长季将当年生枣头向下拧转,使木质部和枝皮软裂而不折断,枝条向下或水平生长,扭梢时期在枣头长至80厘米左右尚未木质化时进行,扭梢部位一般在距枣头基部50～60厘米处。扭梢的目的是抑制枣头旺盛生长,促使其转化为健壮的结果枝组。

四、主要树形及培养

(一)主干疏层形

主干疏层形有明显的中心主干,全树有6～8个主枝,分2～3层排布在中心主干上。第一层主枝3个,第二层主枝2～3个,第

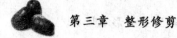

三层主枝 1～2 个。主枝与中心主干的基部夹角为 60°左右,每主枝一般着生 2～3 个侧枝,侧枝在主枝上要按一定的方向和次序分布,第一侧枝与中心主干的距离应为 40～60 厘米,同一枝上相邻的两个侧枝之间的距离为 30～50 厘米。第一与第二层之间的层间距为 80～100 厘米,第二与第三层之间的层间距为 60～80 厘米。第一层的层内距为 40～60 厘米,第二及第三层的层内距为 30～50 厘米(图 3-1)。

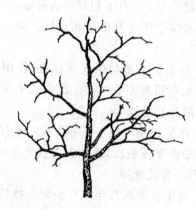

图 3-1 主干疏层形

1. 定干 枣粮间作树的定干高度为 1.3～1.5 米,普通枣园的定干高度为 1 米左右。剪口下整形带 20～40 厘米的区域内芽体饱满,二次枝生长健壮。在定干部位剪除其上部的中心主干,将剪口下第一个二次枝从基部疏除,在整形带范围内选 3～4 个方向好、生长健壮的二次枝,在其基部留 1～2 个枣股短截,促使剪口下枣股顶端主芽的萌发,并将之培养成为第一层主枝。整形带以下的二次枝全部从基部疏除。

2. 中心主干的培养 定干后第一年中心主干延长枝的长度

若不能达到培养第二层主枝的高度,或枝条由于过细或芽体不饱满而不能培养第二层主枝,可翌年对主干延长枝进行适当的短截或缓放不剪,当主干延长枝的粗度、高度及芽体的饱满程度达到要求后,再行培养第二层主枝,方法是在距第一层主枝100~140厘米的高度短截,同时疏除剪口下第一个二次枝,在剪口下20~40厘米的整形带内选3个方向适当、生长健壮的二次枝留1~2个枣股进行短截,促使剪口下枣股上的枣头萌发,培养第二层主枝2个或3个,其余枣头作辅养枝处理,同法培养第三层主枝1个或2个。

3. 侧枝的培养　当第一层主枝粗度超过1.5厘米时,在距中心干50~60厘米处剪除,同时将剪口下2~3个二次枝从基部疏除,选其下主芽萌发的一个枣头作侧枝培养。各主枝的第一侧枝应留在主枝的同一侧。此后3~5年内根据主枝延长枝的长度和粗度培养第二、第三侧枝。第二侧枝应在第一侧枝的另一侧,第三侧枝与第一侧枝在同侧。其余主枝上的侧枝培养方法相同。

(二)自然圆头形

全树有6~8个主枝,错落排列在中心主干上。主枝之间的距离为50~60厘米,主枝与中心主干的夹角为50°~60°。每个主枝上着生2~3个侧枝,侧枝在主枝上要按一定的方向和次序分布,第一侧枝与中心主干的距离应为40~50厘米,同一主枝上相邻的两个侧枝之间的距离约为40厘米。骨干枝不交叉,不重叠(图3-2)。

1. 定干　定植时截干,截干高度70~80厘米,并剪除剪口下3~4个二次枝,促生分枝。

2. 树形培养　1年生冬剪要适当重剪,每株选留1~2个壮枣头,留30~40厘米剪截,同时剪除剪口下2~3个二次枝,剪时注意留芽方位。

2 年生冬剪时,主枝枣头达到 4 个的可不再剪截促枝,主枝枣头达不到 4 个的,可继续促枝。

3 年生冬剪时,要以轻剪为主,当主枝枣头达到 4～5 个后,不再进行剪截促枝,主要是疏除内膛过密枝、病虫枝和回缩交叉枝。

4 年生以后,树冠已基本形成,要注意控冠。

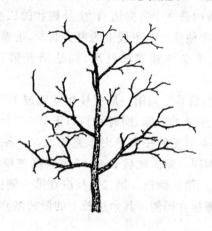

图 3-2　自然圆头形

(三)开心形

主干高 80～100 厘米,树体没有中心主干。全树 3～4 个主枝轮生或错落着生在主干上,主枝的基角为 40°～50°,每个主枝上着生 2～4 个侧枝,同一主枝上相邻的两个侧枝之间的距离为 40～50 厘米,侧枝在主枝上要按一定的方向和次序分布,不相互重叠。

1. 定干　幼树定植 1 年后,在中心主干 80～100 厘米处短剪,要求剪口下 20～40 厘米整形带内一次枝主芽饱满,二次枝健壮。在整形带内选留 3 个方位适当的二次枝,留 1～2 个枣股短

34

截,促使剪口下枣股顶端的主芽萌发,成为三大主枝,其他二次枝均从基部疏除,主枝间距 40 厘米左右。

2. 侧枝的培养 当主枝粗度超过 1.5 厘米时,在距主干 50～60 厘米处剪除,同时将剪口下 2～3 个二次枝从基部疏除,促使剪口芽萌发枣头作主枝延长枝,选其下主芽萌发的一个枣头作侧枝培养。各主枝的第一侧枝应留在主枝的同一侧。此后 2～3 年内根据主枝延长枝的长度和粗度培养第二、第三侧枝。第二侧枝应在第一侧枝的另一侧,第三侧枝与第一侧枝在同一侧。

(四)自由纺锤形

纺锤形树形具有骨干枝级次少,修剪量小,通风透光好,结果早,便于骨干枝轮流更新,树冠紧凑,冠幅小,适宜密植和较易整形修剪等优点。在直立的中心主干上,均匀地排布 7～10 个主枝。干高一般为 80～100 厘米,相邻两主枝之间距离为 30 厘米左右,主枝的基角为 80°～90°,主枝上不着生侧枝,直接着生结果枝组。主枝在中心主干上要求在上下和方位角两个方面分布均匀(图 3-3)。

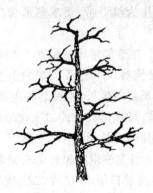

图 3-3 自由纺锤形

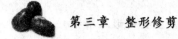

1. 定干 在中心主干 1 米处短剪,疏除主干剪口下第一个二次枝。

2. 主枝培养 在整形带内选 3～4 个方向适宜的二次枝,剪留 1～2 节作主枝培养,翌年在主干延长枝上距最近的主枝 40～50 厘米处短截,同时疏除剪口下 3～5 个二次枝,选位置适合的 2～3 个枣头作主枝培养,延长枝剪口芽萌发的枣头继续作为主干延长枝。第三、第四年同法培养其余主枝,所有主枝的角度为 80°～90°。在主枝上萌发的枣头,通过摘心培养成结果枝组,不留作侧枝。注意调节各主枝之间枝势的平衡,保持中心干的优势,主枝粗度超过主干粗度 1/2 时,及时更新该主枝。

(五)"Y"字形

主干高 40 厘米,树高 2 米左右,具 2 个主枝,相对着生在主干上,主枝开张角度 45°,呈"Y"字形,每个主枝留 2～3 个侧枝,其上着生结果枝组。此树形光照好、丰产,是密植栽培的常用树形。

1. 定干 幼树定植 1 年后,在定植苗木 60～80 厘米处剪截,剪口下 20～30 厘米作为整形带,要求整形带内一次枝主芽饱满,二次枝健壮。

2. 主枝的培养 在整形带内选留两个相对着生的二次枝,留 1～2 个枣股短截,促使剪口下枣股顶端的主芽萌发,形成 2 个主枝,两主枝分别向相反方向生长,主枝之间距离约 40 厘米,如果没有适当位置的二次枝,可选留较近的二次枝培养主枝,利用夏季拉枝调整主枝角度,使其两主枝形成"Y"字形。

3. 侧枝的培养 当主枝粗度超过 1.5 厘米时,在距主干 40～50 厘米处短截,同时将剪口下 2～3 个二次枝从基部疏除,促使剪口芽萌发枣头作主枝延长枝,选其下萌发的一个枣头作侧枝培养。第二侧枝距第一侧枝应为 30～50 厘米,两个侧枝应在主枝两侧。

(六)折叠式扇形(水平扇形)

该树形干高 40 厘米,树高 1.8 米左右。全树有折叠式水平主枝 3～5 个,主枝向主干两个相反方向着生,主枝长 1 米左右。顺行向枝展,形成扇形,各主枝层间距 40～50 厘米。

(七)圆 柱 形

密植枣园一般采用圆柱形树形。该树形适宜于株行距为 1 米×2～3 米等密植枣园。此树形修剪简单,树高控制在 1.5 米左右,不分主枝和侧枝,二次枝直接着生在主干上,二次枝数量控制在 8～12 个(图 3-4)。

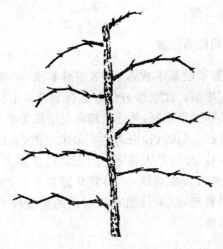

图 3-4 圆柱形

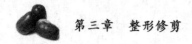

五、不同时期枣树整形修剪特点

(一)幼树的整形修剪

通过定干和各种不同程度的短截,促进枣头萌发而产生分枝,培养主枝和侧枝,迅速扩大树冠,加快幼树成形,形成牢固的树体结构。除此之外,要充分利用不作为骨干枝的其他枣头,将其培养成辅养枝或健壮的结果枝组,对于没有发展空间的枣头要及时疏除。培养结果枝组的方法是夏季枣头摘心和冬剪时短截1～2年生枣头,促进该枣头留下的二次枝发育。这样形成的结果枝组比较强壮,结果能力强。

(二)初果期树的修剪

此期树体骨架已基本成形,树冠继续扩大,仍以营养生长为主,但产量逐年增加。此期修剪任务是调节营养生长与结果的关系,使营养生长和结果兼顾,并逐渐转向以结果为主。此期要继续培养各类结果枝组。在冠径没有达到最大之前,通过对骨干枝枝头短截,促发新枝,继续扩大树冠。当冠径已达要求,则对各级骨干枝的延长枝进行缓放或摘心,控制其延长生长。继续培养大、中、小各类结果枝组,结果枝组在树冠内的配置应合理。适时环剥,实现全树结果。

(三)盛果期树的修剪

此期树冠已形成,生长势减弱,树冠大小基本稳定,结果能力强。后期骨干枝先端逐渐弯曲下垂,交叉生长,内膛枝逐渐枯死,结果部位外移。此期在修剪上要采用疏缩结合的方法,打开光路,引光入膛,培养扶持内膛枝,防止或减少内膛枝枯死和结果部位外移,维持稳定的树势,适时进行结果枝组的更新换代,延长结果年限。

1. 调节营养生长与生殖生长的关系　进入盛果期后,保持树势中庸是高产、稳产的基础。对于结果少、生长过旺的树,要采用主干或主枝环剥、开张角度等方法,减缓树量,提高坐果率,以果压树。对于结果较多、枝条下垂、树势偏弱的树,要通过回缩、短截等手段,集中养分,刺激枣头萌发,增加营养生长,恢复树势。

2. 结果枝组的培养与更新　对于骨干枝上自然萌生的枣头,要根据其空间的大小,培养成中小型结果枝组。也可运用修剪手段,在有空间的位置刺激枣头萌发,培养结果枝组。枣树的结果枝组寿命长,但结果数年后结实力下降,必须进行更新复壮。

3. 疏除无用枝　枣树的隐芽处于背上极性位置时,易萌发形成徒长枝,从而扰乱树形,影响通风透光。因此,对没有利用价值的徒长枝要疏除。另外,对交叉枝、重叠枝、并生枝、轮生枝、病虫枯死枝进行疏除。层间辅养枝要根据情况逐年疏掉,以打开层间距,引光入膛,改善树体光照条件。

(四)结果更新期树的修剪

此期生长势明显转弱,老枝多,新生枣头少,产量呈逐年下降趋势,此期修剪主要任务是更新结果枝组、回缩骨干枝前端下垂部分,促发新枣头,抬高枝角,恢复树势。

(五)衰老期树的修剪

更新骨干枝应根据树上有效枣股(活枣股)的多少来确定更新强度。轻更新在枣树刚进入衰老期、骨干枝出现光秃、全树有1000～1500个枣股时进行。方法是轻度回缩,一般剪除各主、侧枝总长的1/3左右。中更新应在二次枝大量死亡、骨干枝大部光秃、有效枣股降至500～1000个时进行。方法是锯掉骨干枝总长的 1/2 左右,并对光秃的结果枝组予以重短截。重更新应当在树体极度衰弱、各级枝条大量死亡、有效枣股降至 300～500 个时进行。其方法是在原骨干枝上选有生命力、向外生长的壮枣股处锯掉枝长的 2/3 或更多,刺激骨干枝中下部的隐芽萌发新枣头,重新培养树冠。中更新和重更新后都要停止环剥养树 2～3 年。枣树骨干枝的更新要一次完成,不可分批轮换进行。更新后剪锯口要用蜡或漆封闭伤口。要及时进行树体更新后的树形再培养。

(六)放任树的修剪

放任树是指管理粗放,从不进行修剪或很少进行修剪而自然生长的枣树。目前生产上这类树较多,其总的特点是树冠枝条紊乱、通风透光不良,骨干枝主侧不分、从属不明、先端常下垂、内部光秃、结果部位外移、花多果少、产量低、品质差。放任树的修剪方法要掌握"因树修剪,随枝作形"的原则,不强求树形。主要任务是疏除过密枝,打开层间距,引光入膛。主、侧枝偏多的,应选择其中角度较大、位置适当、二次枝多、有分枝的留作主枝,其余的疏除或改造成结果枝组。对于中心主干过高,下部光秃、无分枝或分枝少的树体,应回缩落头,使树冠开张,改善通风透光条件。对于徒长枝,应多改造利用,能保留的尽量保留,将其改造成结果枝组。主枝分布或生长势不均,造成树冠不平衡,要抑强扶弱,逐步调整。

第四章 土肥水管理

一、土壤管理

我国大多数果园的立地条件较差,土壤有机质含量低,多在1‰以下,土壤的理化性状不良,水、肥、气、热不协调,造成枣果低产劣质。通过采用科学的果园土壤管理制度,可以提高土壤肥力,改良土壤的理化性质,为果树生长发育创造良好的环境条件。

在无公害枣园中,制订与执行土壤管理制度必须遵循以下原则:保持果园和区域内的生态环境,减少水土流失;不能对环境造成污染;有利于提高土壤肥力,改善土壤的理化性质;保证土壤能够持续的供给果树所需的水分和各种营养物质;有利于提高劳动效率,降低生产成本,增加经济效益。

常用的土壤管理制度有果园清耕制、生草制、覆盖制、免耕制和间作制等。每种管理制度各有其优缺点,生产中应根据枣树的品种与砧木类型、栽植密度、树龄、土壤肥力、立地条件等选用。

(一)果园清耕制

果园清耕制是在果树生长季节多次进行中耕除草,使土壤保持疏松和无杂草的状态。果园清耕制是一种传统的果园土壤管理制度,目前生产中仍被广泛应用。果园清耕制包括果园土壤在秋季深耕、春季浅耕、生长季多次中耕除草、耕后休闲等。

1. 秋季深耕 在新梢停长后或果实采收后进行。此时地上部养分消耗减少,树体养分开始向下运转,地下部正值根系秋季生长高峰,被耕翻碰伤的根系伤口可以很快愈合,并能长出新根,有

41

利于树体养分的积累。另外,由于表层根被破坏,促使根系向下生长,可以提高根系的抗逆性,扩大吸收范围。通过耕翻还可铲除宿根性杂草及根蘖,减少养分消耗。耕翻还有利于消灭地下越冬害虫。在雨水过多的年份,秋季耕翻后,不耙平或留"锨窝",可促进蒸发,改善土壤水分和通气状况,有利于树体生长发育。在低洼盐碱地留"锨窝",还可防止返碱。耕翻深度一般为20厘米左右。

2. 春季浅翻　在清明到夏至之间对土壤进行浅翻,深10厘米左右。此时正是枣头生长、开花时,浅耕不但有利于土壤中肥料的分解,同时还有利于消灭杂草及减少水分的蒸发,促进枣头生长、坐果。

3. 中耕除草　生长季节,果园在雨后或灌溉后都必须中耕除草,以利于疏松表土、铲除杂草、防止土壤水分的蒸发。

4. 果园清耕制的利弊　果园清耕能有效地控制杂草,避免和减少杂草与果树争夺肥水的矛盾。能使土壤保持疏松通气,促进微生物的活动和有机物分解,短期内提高速效性氮素的释放,增加速效性磷、钾的含量;有利于行间作业和果园机械化管理;可消灭部分寄生或躲避在土壤中的病虫。

但果园长期应用清耕制会带来许多的弊病:果园长期清耕破坏了果园良好的生态平衡,果园的生物种群结构发生变化,一些有益的生物数量减少;土壤结构被破坏,物理性质恶化,土壤有机质含量及土壤肥力下降;长期耕作使果实干物质减少,酸度增加,贮藏性下降;坡地果园采用清耕法,在大雨或灌溉时易引起水土流失;寒冷地区清耕制果园的冻害加重,幼树的抽条率高。另外,清耕法费工、劳动强度大。

综上所述,果园清耕制一般适应于土壤条件较好、肥力高、地势平坦的果园,但也不能连年应用,应用清耕制要注意增施有机肥。另外,从果园的经济效益和无公害枣生产的要求看,果园也不宜长期应用清耕制。

(二)果园覆盖制

在果园的株间或全园的土壤表面覆盖一层秸秆、杂草、绿肥、堆肥、厩肥或其他有机物或无机物的土壤管理制度。果园覆盖制在世界上许多地区已广泛应用，我国从 20 世纪 80 年代初期开始推广果园覆盖制，在山地或旱地果园应用较广泛。

1. 地膜覆盖

(1)地膜覆盖技术的应用

①成龄果园的地膜覆盖技术：树下覆膜能减少水分蒸发，提高根际土壤含水量；盆状覆膜具有良好的集水作用；覆膜有利于提高早春地温，促进根系生理活性和微生物活动，加速有机质分解，增加土壤肥力；覆膜可减少部分越冬害虫出土为害；覆膜有促进果实成熟和抑制杂草生长的作用。成龄果园的地膜覆盖在干旱、风大的 2～4 月份进行，可顺行覆盖或在树盘下覆盖。地形平坦、有水浇条件的果园，覆膜前要浇水，平整地面。在干旱少雨的地区，适宜低畦或低树盘的栽植方法，即以树干为中心修大小与树冠投影一致、四周稍高的树盘，树盘内覆地膜。地下水位高、雨水多的地区适宜高畦栽植覆盖。膜面要拉平，膜边角用土压住，防止水分蒸发。大树离树干 30 厘米处不覆膜，以利于通气。施肥时用 3 厘米粗的木棍在地膜上扎孔 6～10 个，施入肥料后再用土盖住孔口。

②地膜覆盖穴贮肥水技术：简单易行，投资少见效大，具有节肥、节水的特点，是旱地果园重要的抗旱、保水技术。方法是将作物秸秆或杂草捆成直径 20～25 厘米、长 50 厘米的草把，放在尿液中浸透。在树冠投影边缘向内 50～70 厘米处挖深 50 厘米、直径 30 厘米的贮养穴，每株 4～7 个。将草把立于穴中央，顶端略低于地表，每穴施入土杂肥 4～5 千克、过磷酸钙 500 克、尿素或复合肥 50～100 克，与土混合后填入穴内并踩实，然后整理树盘，使营养穴低于地面 1～2 厘米，形成盘子状，每穴浇水 5 升即可覆膜。每

穴覆盖地膜 1～2 米^2,地膜边缘用土压严,正对草把上端穿一小孔,用石块或土堵住,以便将来追肥、浇水或承接雨水。一般在花后、枣头停止生长期和采果后 3 个时期,每穴追施 50～100 克尿素或复合肥,将肥料放于草把顶端,随即浇水 5 升左右。一般贮养穴可维持 2～3 年,发现地膜损坏后应及时更换,再次设置贮养穴时改换位置,逐渐实现全园改良。

③覆膜与覆草相结合的覆盖技术:春季覆盖地膜提高地温、保墒,夏季覆盖秸秆或杂草防止高温灼伤根系,抑制杂草生长,保持水土,提高土壤肥力。覆草时应把地膜揭掉后再盖草。

(2)地膜覆盖应该注意的问题 覆透明膜由于膜下温度、湿度适宜,膜内往往杂草丛生,因此在覆膜前,平整土地后用西玛津、氟乐灵等除草剂处理,覆盖黑色地膜或除草地膜不用除草剂也可控制杂草生长。国产农膜质量不高、不稳定,可控降解的地膜在生产中的应用还很少,果园使用地膜覆盖制极易给环境造成污染,在无公害果园尽量应用可降解地膜,或在应用地膜后捡净地膜的残片。我国地膜的价格较高,果园应用地膜覆盖制,增加了生产投资,给全园覆膜带来了一定的困难,为降低成本,可结合行间生草或免耕进行行内覆膜。夏季覆膜,有膜部位地温高,不利于根系生长。一般要在膜上撒些土或盖适量的杂草,覆膜后加快了有机质的分解,长期覆膜降低土壤肥力,采用地膜覆盖技术的果园,要增施有机肥和矿质肥料。

2. 果园覆草 果园土壤用杂草、绿肥、麦糠、作物秸秆、树叶、碎柴草以及其他生物产生的有机物品覆盖的方法统称为果园覆草。山地、旱地、盐碱地果园实行树盘或全园覆草有利于果树的生长发育。

(1)果园覆草的优点 果园覆草可以减小地温、湿度的变化幅度及冻土层的厚度,早春化冻快,改善根系分布层土壤的温度条件,延长根系活动时间,增加树体贮藏营养;果园覆草还可减少土壤水分的蒸发量,在盐碱地上可防返碱;果园覆草有利于水土保持,减少水分径流,防止土壤冲刷;果园覆草能增加土壤有机质含量,促进土壤微生物的活动,提高土壤肥力,据辽宁省前所农场5年覆草研究资料,覆草后经腐熟分解使土壤耕作层有机质含量由0.6%提高至1%,随着有机质的增加,微生物活动增强,有效养分明显增加;果园覆草后,改变了杂草种子萌发的条件,抑制了杂草生长,减少全年中耕除草的用工;果园覆草可以提高枣果的产量,改善枣果的品质。

(2)果园覆草技术的应用 用于果园覆盖的生物制品来源广、种类多,各种作物秸秆与落叶、绿肥、杂草、堆厩肥、锯末及海草等生物产生的有机物都可因地制宜地加以利用。果园覆草一般在土壤化冻后进行,也可在草源充足的夏季覆盖。覆草的厚度为20～30厘米。树下覆麦秸或杂草,第一年每667米^2 1 500千克,第二年1 000千克,第三年500千克,可保持覆草厚20厘米。据生产经验,全园覆草不利于降水尽快渗入土壤,降水以蒸发方式消耗较多,因此生产中提倡树盘覆草。具体做法是覆草前在两行树中间修筑30～50厘米宽的畦埂或作业道,树畦内整平,使近树干处略高,盖草时树干周围留出大约20厘米的空隙,以便降雨后水沿树干和畦尽快渗入土壤。

(3)果园覆草应注意的问题 覆草前翻地、浇水,碳氮比大的覆盖物,要增施氮肥,满足微生物分解有机物对氮肥的需要。过长的覆盖物,如玉米秸、高粱秸等要切短,段长40厘米左右。覆草后在草上星星点点压土,以防风刮和火灾,切勿在草上全面压土,以免造成通气不畅。果园覆草改变了田间小气候,使果园生物种群发生了变化,如树盘全铺麦草或麦糠的果园,玉米象对果实的为害加重,要注意防治。覆草后不少害虫栖息草中,应注意向草上喷药。秋季应清理树下落叶和病枝,防治早期落叶病、锈病、炭疽病等发生。果园覆草应连年进行,至少保持5年以上才能充分发挥覆盖的效应。在覆盖期间不进行刨树盘或深翻扩穴等工作。连年覆草会引起果树根系上移,分布变浅。

(三)果园间作制

利用果园行间种植适宜的作物,增加经济收入。一般在扩冠期应用。果园合理间作,能促进土壤熟化,改良土壤结构,增加土壤有机质,改善微域生态条件,抑制杂草生长,减少水土流失。

间作物种类应以不影响枣树生长、间种的作物又能生长良好为原则。一般要求间种作物生长期短,需肥水较少,大量需肥水的时期与枣树错开;植株矮小,不影响枣树的通风透光;能提高土壤肥力;与枣树无共同病虫害,不是枣树病虫害的中间寄主。

枣树间种作物以豆类(包括花生)最好,其次是薯类、瓜类、谷、黍等。有肥水条件的地区也可间作小麦、草莓等,据观察,间作小麦的幼树果园金龟子为害较轻。高粱、玉米等高秆作物,易遮光,又与枣树争夺肥水,喷药等管理不方便,不宜种植。种植蔬菜,特别是秋季蔬菜,由于蔬菜生长期施肥浇水,造成枣幼树贪长,降低抗寒性。另外,间作秋季蔬菜的果园,浮尘子产卵为害枝干严重,翌年春季幼树易抽条。

为了缓和树体与间作物争肥、争水、争光的矛盾,同时便于管理,果树与间作物间应留出足够的空间。当果树行间透光带仅有1～1.5米时,应停止间作。长期连作易造成某种元素贫乏,元素间比例失调或在土壤中遗留有毒物质,对果树和间作物生长发育均不利。

(四)果园免耕制

果园免耕制又称少耕法。免耕是近年来欧美国家应用较广泛的一种土壤耕作制度。我国近年来免耕制发展也较快,但主要在农作物上应用。在作物的免耕生产系统中,除播种或注入肥料外,不再搅动土壤;施肥可与播种同时进行,也可以在播前或出苗后进行,可施入土壤中,也可以撒施于地表;不进行机械除草和中耕,用除草剂控制杂草;收获后作物残留物留在地表防止土壤侵蚀;用专用播种机在狭小的种床上进行播种,保证种子、肥料用量和在土壤中的位置,也可以在播种前处理狭小的播种带。

果园免耕具有保持土壤自然结构、节省劳力、降低生产成本等优点。但果树与作物不同,每年制造的有机物质多用于果实和枝干生长,不像其他作物能够给土壤补充大量秸秆、落叶等有机物质。果园若采用与作物相同的土壤免耕技术,不耕作、不生草、不覆盖,用除草剂灭草,土壤中有机质的含量得不到补充会逐年下降,并造成土壤板结。所以,采用免耕制的果园要求土层深厚,土壤有机质含量较高,或采用行内免耕、行间生草制,或行内免耕,行间覆草制,或免耕几年后,改为生草制,过几年再改为免耕制。

(五)果园生草制

果园长期种植多年生禾本科、豆科等植物的土壤管理制度。我国枣树园多数在丘陵、低山、河滩上,土质瘠薄,有机质含量在1%以下,缺磷、铁、锌等现象严重。在无公害枣园中对化学合成肥料使用种类与使用量是有限制的,所以为了保证枣树的正常生长发育必须增施有机肥。目前粮、果、菜争肥的矛盾突出,农家肥极度缺乏,在枣园需就地开辟肥源,实践证明,果园生草、种植绿肥是有效途径。果园生草、种植绿肥就地利用,还可节省大量的积肥、运肥和中耕除草用工,降低生产成本。

1. 生草的方法 有人工种草和自然生草 2 种方法。

(1)人工种草 根据果园的自然条件选择适宜的草种,进行人工栽培。采用生草制的果园多采用人工种草。

(2)自然生草 果园自然长出的各种杂草,通过自然相互竞争和连续刈割,最后剩下几种适合当地自然条件的草种,实现果园生

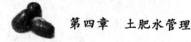

草的目的。

2. 生草制的种植形式

(1)生草—清耕制　即行间生草、行内(株间)清耕制。在果树行间播种草种,播种的宽度取决于树冠的大小、整形方式和机械作业要求,一般为果树行距的2/3;行内采用清耕的方法。

(2)生草—覆盖制　即行间生草、行内覆盖制。多采用行间生草,每年对行间种植的草多次刈割,用刈割的草在行内覆盖的形式。

(3)生草—清耕轮换制　隔1行或数行生草,其他行间清耕,1年或数年进行倒茬轮换的种植形式。

(4)全园生草制　即在果树的行间与株间均生草的土壤管理制度。

3. 果园生草制的优点　果园生草制的优点有:一是果园生草能增加土壤有机质与氮素的含量。二是果园生草能够改善土壤的结构和理化性质。果园生草能提供大量新鲜的有机物质与钙素等养分。其根系有较强的穿透能力与团聚作用,因此果园生草对促进土壤水稳性团粒结构的形成,改善土壤的理化性状,进而使土壤的保水、透水性加强,耕性变好,促进土壤熟化和低产土壤的改良。三是果园生草能防止地表土、肥、水的流失。果园生草能很好地覆盖地面,缓和暴风雨对土壤的直接侵蚀,减少地表径流,防止冲刷,减少水、土、肥的流失,对培肥山坡薄地果园土壤有良好的效果。在风沙大的荒沙地与沟渠坡地边缘种植多年生绿肥作物,对固沙护坡有明显效果。四是果园生草有利于改善果园的生态条件。果园生草能调节地温,有利于果树根系的生长。试验表明,由于覆盖作用,夏季可使表层地温下降4℃～6℃,冬季可提高地表温度2℃～3℃。这对夏季高温地区的果园,特别是沙地果园有重要的意义。低洼盐碱地区的果园,采用生草栽培还能防止盐分上升。五是果园生草有利于提高果实品质。果实维生素的含量高,品质较好。六是果园生草可节省除草用工等,降低生产成本。七是果园生草有利于富集和转化土壤养分。绿肥作物根系发达,吸收利用土壤中难溶性矿质养分的能力很强。豆科绿肥作物主根入土很深,通过其吸收作用,可将土壤耕作层,甚至深层中不易被其他作物吸收利用的养分集中起来,待绿肥翻耕分解后,大部分养分重新以有效形态留在耕作层中。

4. 果园生草制的缺点及克服方法　生草制的果园,果树与草共生,二者之间存在着一定的矛盾。

果园生草增加了土壤水分的消耗量,特别是在土壤干燥、土层浅、根系不能向深层吸收水分的情况下,二者争夺水分的矛盾尤其突出。解决果园生草与果树争水的矛盾,方法有种植耗水量小的草种;采用蓄水保墒措施;干旱季节,草与果树争水的矛盾突出时增加生草的刈割次数,减少草的水分消耗等。

果园生草增加了土壤养分的消耗,禾本科植物需氮量较多,豆科植物对磷的吸收量大。在草的旺盛生长期间,草与果树争肥现象尤其突出。解决这个矛盾的方法:一是通过刈割草。二是对果树、草增施肥料。

连续多年生草后,土壤表层常因草根密挤而板结,影响通气和透水性,引起果树根系上翻,降低抗旱、抗寒能力。对生草制的果园要合理轮作,换茬时对果园土壤进行深翻。

5. 果园生草制采用的草种　果园草种主要是多年生牧草和禾本科植物。常见较好的草种有白花三叶草、紫花苜蓿、多年生黑麦草、毛叶苕子、柽麻、田菁等。

二、施　肥

果树多年生长在同一地点,每年生长、结果都需从土壤中吸收大量的营养元素。为了保证枣树生长、结果和丰产,必须通过施肥来满足枣树在各个不同时期对各种营养元素的需要。与其他作物一样,施肥、灌溉以及土壤覆盖等土壤管理措施极易对土壤、果实造成污染。在常规枣树栽培中,由于忽视保护环境,在土壤管理中大量投入化肥,造成土壤、水体和果品的污染。

(一)无公害枣园的施肥原则

以有机肥为主、化肥为辅,保持或增加土壤肥力及土壤微生物活性。所施用的肥料不应对果园环境和果实品质产生不良影响。尽量使用本节中提到的允许使用的有机肥种类。如这些有机肥种类不能满足生产需要,应尽量开辟其他的有机肥源,也可使用化学肥料(氮、磷、钾),但禁止使用硝态氮肥。使用化肥时,必须与有机肥配合施用,有机氮与无机氮之比不超过 1:1,如施优质厩肥 1 000 千克可加入尿素 10 千克(厩肥作基肥、尿素可作基肥和追肥用)。化肥也可与有机肥、复合微生物肥配合施用。厩肥 1 000 千克,加尿素 5~10 千克或磷酸二铵 20 千克,复合微生物肥料 60 千克(厩肥作基肥,尿素,磷酸二铵和微生物肥料作基肥和追肥用)。在采收前 1 个月内禁止使用一切化肥。

目前,我国城市生活垃圾无害化处理水平较低,因此没有把握确定是否符合枣无公害生产需要的城市生活垃圾,禁止使用。对符合要求的限量使用,黏性土壤不超过 3 000 千克,沙性土壤不超过 2 000 千克。

秸秆还田时允许用少量氮素化肥调节碳氮比。生产无公害枣果的农家肥料无论采用何种原料(包括人畜禽粪尿、秸秆、杂草、泥炭等)制作堆肥,必须高温发酵,以杀灭各种寄生虫卵和病原菌、杂草种子,使之达到无害化的卫生标准。农家肥料,原则上就地生产就地使用。外来农家肥料应确认符合要求后才能使用。商品肥料及新型肥料必须通过国家有关部门的登记认证及生产许可,质量指标应达到国家有关标准的要求。如果因施肥造成土壤、水源污

染，或影响农作物生长、农产品达不到卫生标准时，要停止施用该
肥料。

(二)无公害枣园允许使用的肥料

1. 农家肥料 堆肥、沤肥、厩肥、沼气肥、绿肥、作物秸秆肥、
泥肥、饼肥等，其养分含量见表4-1。

2. 商品肥料 商品有机肥、腐殖酸类肥、微生物肥、有机复合
肥、无机(矿质)肥、叶面肥、有机无机肥等。

3. 其他肥料 不含有毒物质的食品、鱼渣、牛羊毛废料、骨
粉、氨基酸残渣、骨胶废渣、家禽家畜加工废料、糖厂废料等有机物
料制成的，经农业部门登记允许使用的肥料。

表 4-1 常用有机肥的养分含量表

名 称	有机质(%)	氮(%)	磷(%)	钾(%)	钙(%)	锌(毫克/千克)	铁(毫克/千克)	碳氮比(X∶1)	pH 值
人粪(鲜)	15.2	1.16	0.26	0.30	0.30	66.95	489.1	8.1	6.8～7.2
人尿(鲜)	1.2	0.53	0.04	0.14	0.10	4.27	30.4	97.0	8.0～8.3
人粪尿(鲜)	4.8	0.64	0.11	0.19	0.25	21.24	294.5	3.43	7.8
猪粪尿(鲜)	18.3	0.55	0.24	0.29	0.49	34.43	1 758.3	21.0	
圈肥(草垫圈)	25	0.45	0.19	0.6	0.03				
粪(鲜)	20.9	0.44	0.13	0.38	0.48	52.81	1 622.1	25.6	
马圈肥	21.2	0.45	0.14	0.50	0.75	39.59	3 514.1	26.1	8.0～8.3
牛粪(鲜)	14.9	0.38	0.11	0.23	0.40	22.6	942.7	23.2	7.9～8.0
牛粪尿	7.8	0.35	0.08	0.42	0.40				
牛圈肥(鲜)	16.2	0.50	0.13	0.72	0.62	36.16	4 388.3	19.2	8.2～8.5
羊粪(鲜)	32.3	1.01	0.22	0.53	1.30	51.74	2 581.3	16.6	8.0～8.2
羊尿(鲜)	2.59	0.59	0.02	0.70		60.9	1 664.3	2.6	8.1～8.7
羊圈肥	27.9	0.78	0.15	0.74	1.57	65.0	4 471.9	14.4	8.0～8.4

续表 4-1

名　称	有机质（%）	氮（%）	磷（%）	钾（%）	钙（%）	锌（毫克/千克）	铁（毫克/千克）	碳氮比（X：1）	pH 值
鸡粪(鲜)	24.9	1.29	0.53	1.95	2.58	113.1	12 398.7		7.2～8.8
玉米秸堆肥	25.3	0.48	0.10	0.28	0.65	31.82	7 055.3		8
麦秸堆肥	10.9	0.18	0.04	0.16	0.37	13.66	1 730.6		
野生植物堆肥	16.6	0.63	0.14	0.45	2.51	58.3	16 667.9		

（三）无公害枣园禁止使用的肥料

禁止使用的肥料包括未经无害化处理的生活垃圾或含有金属、橡胶和有害物质的垃圾,硝态氮肥和未腐熟的人粪尿,如硝酸铵、硝酸钠、硝酸铵钙、硝酸钙等,未获准登记的肥料产品。

（四）施肥方法

果树施肥除按树龄、结果多少确定施肥量外,还要考虑年周期内不同物候期对肥料的需要状况(即枣树年需肥规律),以及各种肥料的性质,确定施肥时期、施肥种类和各时期的施肥量,于需肥前及时施入适量的肥料。只有这样,才能充分发挥肥效,满足果树生长发育的需要。果树施肥分为基肥、地下追肥和叶面喷肥 3 种。

1. 基肥　基肥是能较长时期供给枣树养分的基础肥料。因为基肥主要是有机肥料,释放养分持续的时间较长,并含有多种营养元素,所以能保证枣树全年对各种营养的不断供应。通过施用基肥还可以改良土壤结构,增加透气性,使土壤疏松,提高地温,减少根际冻害,调整酸碱度等。

（1）施肥时间　在采收后施用。这段时间枣树根系有 1 次生长高峰,施肥后根系伤口愈合快,部分肥料被吸收利用,可以促进当年后期叶片的光合作用,有利于生产、贮备翌年春季用于根系、枝叶生长和坐果的营养物质。施入的肥料,经秋冬的分解,翌年发芽后树体能及时吸收利用。而春施基肥,根系伤口不能尽快愈合,肥料不能被及时吸收利用,夏秋肥效发生作用,造成枣头萌发量、生长量增加,影响坐果。但在肥源不足的果园,施用基肥的时期可推迟至初冬上冻前和早春发芽前。

(2)肥料种类 基肥主要施用迟效性肥料,如厩肥、土肥、熏肥、秸秆肥和饼肥(需腐熟)等有机肥料。这些有机肥料在肥效发挥快慢方面是有差异的。此外,还有迟效性化学肥料,如过磷酸钙、磷矿粉等。施用迟效性化学肥料如过磷酸钙等,要与有机肥料混合沤制,减少土壤对磷的固定。

(3)施肥方法 主要采用挖沟施入和普撒翻入 2 种方法。施用基肥可结合园地深翻换土,将肥料与表土混合或分层施入沟的中下层,经 2~3 年树冠下和株间普挖 1 遍后,再采用行间挖沟的施入方法。当全园土壤普挖 1 遍后,可采用地面普撒翻入地下的方法。如树体需进行更新时,再从行间挖沟施肥,使地上部与根系同时更新。

2. 追肥 追肥又叫补肥。根据枣树年周期需肥特点及时追肥,可以调节枣树生长与结果的矛盾。追肥可分地下追肥(简称追肥)和叶面喷肥(简称喷肥)。

(1)地下追肥

①追肥时期:根据不同物候期所要达到的预期目的来确定。扩冠期,为了促进枝条生长,应在萌芽前、花期、幼果期追肥,以氮肥为主。追肥的种类,前期以氮肥为主,后期氮、磷、钾肥配合使用。丰产期,结果量逐年增多,为了解决结果与生长的矛盾,确保连年丰产优质,对挂果多的树要增加追肥次数。还要在果实速长期追肥,追肥种类,前期以氮、磷肥为主,并配合施钾肥,后期增施磷、钾肥,少施氮肥。

②追肥的种类:氮肥有碳酸氢铵、硫酸铵、氯化铵等;磷肥有过

磷酸钙等;钾肥有硫酸钾、窑灰钾肥、氯化钾等;氮磷肥有磷酸一铵、磷酸二铵等;磷钾肥有磷酸二氢钾等;多元素肥料有钙镁磷肥、腐熟的人畜禽粪尿、沼渣沼液等。

③追肥的方法:经翻刨树盘的园地,可在树冠范围内撒施,一般情况下采用小穴追肥法,即在树冠范围内用铁锨挖深10厘米左右的浅坑,每株6~10个,将肥料撒入坑内、填平、灌水。

(2)叶面喷肥 此法简单易行,用肥量小,发挥作用快,能及时满足果树对肥的急需,并可避免某些营养元素在土壤中发生化学和生物固定。在缺水季节或缺水地区以及不便施肥的山坡果园,效果更佳。但叶面喷施并不能代替土壤施肥。据报道,叶面喷氮素后,仅叶片中的含氮量增加,其他器官的含量变化较小,说明叶面喷氮在转移上还有一定的局限性。因此,叶面喷肥仅能起到补充作用。叶面喷肥主要是通过叶片上的气孔和角质层首先进入叶片。一般喷后15分钟至2小时即可被果树叶片吸收利用。枣树喷尿素后,24小时内吸收量可达80%以上。一般情况下,幼叶较老叶、叶背较叶面吸收快、吸收率也高,不仅如此,枣头也有吸收能力。因此,在喷施时一定要均匀,特别是叶背更要喷到,以利于吸收。喷布时间最好在上午10时以前和下午4时以后,以免气温高,溶液很快浓缩,影响喷肥效果或导致肥害。

喷肥一般在生长季节进行,如开花前、落花后、果实速长期及采收后,若各个时期均能喷布1~2次,则可收到良好的效果。部分叶面肥料种类与喷施浓度见表4-2。其中尿素和过磷酸钙不能与草木灰、石灰混用。各种肥料以单独喷布效果较好且安全,但也可与一些药剂混合喷布,如尿素可与波尔多液等农药混合喷布等。肥料与其他农药混喷时,为了避免造成不应有的损失,应事先进行混合喷施试验,1周内无药害并不降低药效时,再进行大面积喷施。

当表现出微量元素缺乏症时,要及时喷布微肥,如缺铁可于生

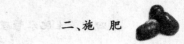

长季节多次喷施硫酸亚铁或柠檬酸铁 200～300 倍液,也可在发病初期对幼叶喷施 1000 毫克/升硝基黄腐酸铁溶液 1～2 次;缺锌可于发芽前喷布 20～30 倍、发芽后喷布 300～500 倍硫酸锌溶液;缺硼时,在开花前、盛花期或落花后喷布硼砂或硼酸 200～300 倍液,若发芽前喷硼,浓度可提高至 30～50 倍。

表 4-2 果树叶面喷肥常用肥料种类与喷施浓度

肥料名称	元素养分含量(%)	喷布水溶液浓度(%)	喷布时期	次 数
尿 素	氮 46	0.3～0.5	花后至采收后	2～4
		2～5	落叶前 1 个月	1～2
		5～10	落叶前 2 周	1～2
硫酸铵	氮 20～21	0.1～0.3	生长期	2～3
磷酸铵	氮 18 磷 46	0.3～0.5	生长期	2～3
过磷酸钙	磷 12～18	1～3(浸出液)	花后至采收前	3～4
磷酸二氢钾	磷 24 钾 27	0.2～0.3	生长期	2～4
硫酸钾	钾 48～52	0.2～0.4	花后至采收期	2～4
硫酸亚铁	铁 20	0.4	花后至采收期	2～3
		2～4	休眠期	1
尿素铁	铁 9.3 氮 35	0.2～0.5	生长期	2～3
黄腐酸铁	铁 0.2～0.4	0.3	生长期	2～3
硫酸锌	锌 35～40	0.1～0.4	萌芽时,采收前	1
		3～5	萌芽前	1
硼 酸	硼 17.5	0.1～0.5	花期	1
硼 砂	硼 11	0.1～0.25	花期	1
钼酸铵	钼 50～54 氮 6	0.1～0.2	生长期	1
沼 液		澄清、纱布过滤后加水 1～2 倍	果实膨大期	2～3

(五)无公害枣果的典型生产模式

1. "猪(牛)—沼—果"生产模式 是利用沼气池将种养有机结合起来,实现"猪(牛)—沼—果"的良性循环。该模式以农户为基本单元,利用房前屋后的山地、水面、庭院等场地,主要建设畜禽舍、沼气池和果园等几部分,同时使沼气池的建设与畜禽舍、厕所三结合。以果园间作物(如牧草等)饲养畜禽,畜禽粪便在高温厌氧状态下充分发酵形成沼气和有机肥(沼液、沼渣),这些有机肥再施入果园,构成养殖—沼气—种植三位一体的经济格局,达到生态的良性循环。

2. 规模果园分户管理的枣果无公害生产模式——果、农、养、沼四结合的物质循环利用模式 大田作物和经济作物的秸秆用于果园树盘覆盖、沼化池原料、食用菌生产,或与无公害饲草、粮食及其加工剩余物,如麸皮、豆饼等经科学配制,制成无公害饲料,饲养猪、牛、羊、鸡,在生产无公害畜禽产品的同时,为无公害枣果生产提供大量、优质、无公害的有机肥料;人、畜粪尿经腐熟或沼化后作为果园肥料;也可以用作物秸秆进行食用菌的养殖,其培养基残余体经灭菌后可作为果园肥料。形成以无公害枣果生产为主体,果、农、养、沼相结合的无公害生产产业链。

3. 规模果园统一管理的枣果无公害生产模式——果、种、养、林生产模式 规模较大的果园,进行无公害枣果生产的关键是有机肥源问题。此模式中,果树行间、土壤较瘠薄的地块或不适宜发展枣果的阴坡地种植绿草(肥),作为果园肥源或畜牧饲养的饲料;建立大中型饲养场,用农业生态区内生产的无公害饲草、秸秆、粮食及其加工后的剩余物,如麸皮、豆饼等经科学配制,饲养的猪、牛、鸡,批量生产无公害畜禽产品,并为无公害枣果生产提供肥料;防护林中的杂草落叶也可作为枣园肥源;无公害果品的部分收益作为养护防护林、建立畜牧场及绿色种植的投入,由此形成果、种、养、林的良性循环。

4."五配套"生产模式 "五配套"生产模式系依据生态学、经济学、系统工程学原理,从有利于农业生态系统物质和能量的转换与平衡出发,充分发挥系统内动植物与光、热、气、水、土等环境因素的作用,建立起生物种群互惠共生,食物链结构健全,能量流、物质流、养分流良性循环的能源、生态、经济系统工程。该模式由沼气池、畜舍、水窖、滴灌和果园5部分组成。

三、灌　水

(一)灌水时期及灌水量

灌水时期应考虑不同时期所要达到的目的,同时还应根据枣树一年中各个物候期对水分要求的特点、气候特点和土壤水分的变化规律等确定。

枣树是耐旱树种,但在干旱年份也需要灌水,一般在发芽前、开花前各灌1次水。保持枣园60厘米以上土层的含水量在14%以上。

(二)灌水方法

灌水方法应依照提高效益、节约用水和便于管理的原则确定,目前主要有以下几种方法。

1. 畦灌 平原地区的土地平整,可采用畦灌。一般1行为1畦,畦不宜过大。灌水时要求水量均匀,以灌透为准。此法简单易行,投资较少,但耗水量大,适合水源充足的地区。用此法灌水后土壤易板结,应及时中耕。

2. 沟灌 土地不平整,水源又缺乏的地区,可开沟灌水,即在树行、株间根系分布的外围开沟灌水,灌水后封土保墒。此法省水,对土壤结构破坏小,但比畦灌用工多。

3. 喷灌 是用有一定压力的水通过管道、喷灌机,喷到果树或地面上的灌水方法。它适用于不平整的园地,具有省工、省水、保土、保肥、不破坏土壤结构,并能改善果园小气候的特点。此外,还可与喷肥、喷药相结合。果园喷灌投资较大。喷灌机有固定式和移动式2种。

4. 滴灌 是近年来新发展的一种灌溉方法。水通过预先设置的管道和滴头,以水滴状态缓慢滴入果树根系附近,使土壤保持适宜的含水量。这种方法最大的特点是省水,对果树有明显的增产效果,同时还不破坏土壤结构,特别适用于山区缺水果园。只要加强管材保护,减少人为损失,也是很有发展前途的。

5. 渗灌 在地下深1米左右的地方铺设特制的低压塑料管或陶管,形成管网,由水泵加压后,水通过管道表面的众多小孔,直接渗透到根部的土壤,供根系吸收利用。其优点是水分没有输水渠道的渗漏和蒸发,比地面灌水节约40%左右,省工省时。

(三)自然降水蓄存技术

山区具有海拔高、昼夜温差大,紫外线照射充分、土地资源丰富,空气、土壤无污染等生产无公害优质果品的优势条件。但北方山区也存在着水源不足等弊端,为了解决这个矛盾,河北省农林科学院石家庄果树研究所,自1990年开始进行山区自然降水高效蓄存试验示范,并取得了明显的效果。

1. 片麻岩、花岗岩山体自然降水的蓄存技术 片麻岩结构的山体土层分化深、质地粗、渗水快,非特大暴雨难以形成地面径流,但下雨后浅层土壤饱和水充足,据此特点除山坡挖鱼鳞坑种植果树外,还应建立拦、蓄、输水工程,主要包括以下内容:一是在沟谷建固防坝拦蓄地面径流,防止水土流失。二是在不同高度的沟谷上选择土壤饱和、水流汇聚集中的位置建截浅流塘坝,拦蓄控山

水。截浅流塘坝建在山上旱地果园上部、土壤饱和水流汇聚集中的沟谷中。拦截坝宽1米、高2米、长15米，水泥结构。蓄集的雨水蓄存于密封拦蓄池中。输水管道用4毫米的硬塑料管。截浅流的位置较高，比果园最上部一排蓄水池高10米，便于自流输水。三是在山顶、梁、墹、坡、洼、沟谷适宜地点建大、中、小型地下密封蓄水池、蓄水袋，蓄存地表径流和截浅流拦蓄的控山水。四是在山下沟谷控山水小溪汇合处建小型水库。五是建扬水站、埋设输水管道连接水库、蓄水池、截浅流池塘，并与膜下暗灌或微喷等灌溉方法构成蓄节灌体系。

　　北方干旱区常用水泥防渗圆柱形敞口半地下蓄水池。从表4-3可明显看出，此类型蓄水池露天蓄水，蓄水效益不高，主要原因：一是该类型蓄水池敞口，北方山区每年1800~2300毫米的蒸发量无法控制；二是冬季池水结冰，池壁极易冻坏，水泥防渗层冻裂变酥碎而脱落，冰溶后严重渗漏，到5月底至6月上旬抗旱关键时期池水所剩甚微。

　　地下密封蓄水池是参照水窖的形式设计出来的适用于山旱地的高效越冬蓄水设施，其结构是宽2~3米、高2~3米、长20~60米的砖石水泥建筑，顶部可用砖石拱券，也可用水泥预制板棚盖，上部覆土，厚度要超过当地冻土层，一般1米以上，池顶仍可种植。水池的长边可直，也可随山形弯曲，但必须水平。按其容积可分大（300米³以上）、中（100~300米³）、小（100米³以下）3个类型。蓄水池是全地下密封池，蒸发量小，不渗漏；水闭光，长期蓄存水质不变。

表 4-3　不同类型蓄水池蓄水效益比较

类　型	容积（米³）	蓄水期	存水量（米³）	效率（%）
露天蓄水池	80	1998.8.21—1999.6.5	31.0	38.75
地下密封蓄水池	120	1998.8.21—1999.6.5	118.5	98.75
简易蓄水袋	120	1998.8.21—1999.6.5	120.0	100.00

简易蓄水袋是为贫困地区农民研究出的一种简易高效蓄水设施。结构简单,在土层深厚的高地或山坡梯田的果树行间,挖宽1~2米、深1~2米、长30~50米的水平沟,用铁锹铲平四壁和底面(不能有扎破塑料薄膜的硬物),买筒形塑料薄膜(袋厚0.88毫米,筒周尺寸等于沟深加宽的2倍,长比沟长多出2.5个沟深),放置沟内跷起两头,雨季或用地表径流,或用截浅流,或用扬水站的水蓄满袋后用绳捆紧两头,然后用水泥板盖顶或用木棒秸秆棚顶并覆土防冻,这样闭光蓄存,水质长期不变、不冻、不漏、不蒸发。但必须注意蓄水袋不能有损伤破口,蓄水期间还要严防鼠害。根据试用情况分析,蓄水袋在地下闭光蓄水与空气隔绝,老化速度极慢,如无机械损伤,可以连续使用5年。

2. 石灰岩基质山体自然降水蓄存技术　石灰岩结构的山土层分化浅,质地细,渗水慢,降雨时易形成地表径流,在适当位置修拦径沟拦截径流存入蓄水池或蓄水袋,干旱季节用于灌溉。

(四)果园排水

排水是解决土壤中水分和空气的矛盾,以及防涝保树的主要措施。如果果园排水不良,土壤水分过多,氧气不足,会抑制根系的生长和吸收功能,造成生理干旱,甚至引起根的大量死亡。此外,土壤水分过多,通气不良,还会抑制好气性细菌的活动,影响营养元素的吸收。同时也会使土壤中氧化还原电位低,产生有害的还原性物质,如硫化氢、甲烷等,它们对根系有毒害作用。另外,果园排水不良易引起土壤盐渍化,影响枣树的正常生长和结果。

在果园设计时,应根据果园的具体情况,妥善安排排水系统。对缺乏排水系统的现有果园,也应积极采取补救措施,尽量减少因涝害造成的损失。

平原果园或盐碱较重的果园,可顺地势在园内及四周修建排水沟,把多余水顺沟排出园外,也可采用深沟高畦(台田)或适度培

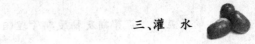

三、灌　水

土等方法,降低地下水位,防止返碱,以利于雨季排涝。山地果园要搞好水土保持工程,防止因洪水下泄而造成冲刷。涝洼地果园,可修建台田或在一定距离修建蓄水池、蓄水窖和小型水库,将地面径流贮存起来备用或排走。由于地下不透水层引起的果园积水,应结合果园深翻打通不透水层使水下渗。

对已受涝害的枣树,首先要排出积水,并将根颈和粗根部分的土壤扒开晾根,及时松土散墒,使土壤通气,促使根系尽快恢复生理功能。

第五章　萌芽期及抽展期管理
(4~5月份)

一、修　剪

(一)清除无用根蘖

枣树在生长过程中,根部会萌发一些根蘖,这些根蘖也是一些品种繁殖的基础,也有一些根蘖,距离根部过近,影响树下管理,称为无用根蘖,应及时清除。

(二)抹芽和重摘心

抹芽和重摘心是枣树生长季节的重要管理措施。抹芽是在生长季节将萌生的无用芽抹去,作用是减少养分消耗,此项工作要进行多次。

摘心是在生长季节将新生枣头顶芽摘除,视留枝的长短分为轻摘心和重摘心,有控制枣头加长生长和提高坐果率的作用。

二、土肥水管理

萌芽期及抽展期是枣树一年生长期的开始,此期的土壤管理主要有土壤耕翻、中耕除草、生草等。根据枣园所选用的土壤管理制度进行选择(具体方法参见第四章)。肥水管理是在4月上旬、枣树萌芽期进行追肥,追肥种类主要以速效氮肥为主,这样不但可促进萌芽,而且对后续的花芽分化、开花坐果都非常有利。由于枣树本身特性,在生长前期营养生长与生殖生长竞争激烈,此期施肥尤为关键。在施肥的同时要灌催芽水。以促进根系的生长及其对肥料的吸收利用。

三、病虫害防治

(一)病虫害防治技术规范

1. 病虫害发生的主要特征 春季随着温度的上升,枣树芽萌动。同时,越冬的害虫开始出蛰,病菌开始传播,如枣黏虫卵开始孵化,山楂叶螨开始出蛰,病菌开始侵染。此期病菌刚开始活动,害虫的虫态比较一致,因刚度过休眠期,抗药性较差。

这时期的主要病害有枣腐烂病、冻害、枣疯病、枣小叶病和黄叶病等。害虫有椿象类、枣食芽象甲、枣瘿蚊、枣黏虫、山楂叶螨和金龟子等。

2. 防治技术规范

(1)人工防治 继续刮治腐烂病,剪除病虫枝。此期是枣疯病表现期,及时去除病株,防止扩散;振树捕捉或灯光诱杀金龟子;主干设置阻隔带,控制害虫上树;加强果园管理,种植绿肥,增施有机肥,特别是有针对性地补施钙肥、锌肥、铁肥、硼肥等。

(2)化学防治 选用毒死蜱、菊酯类农药、吡虫啉等防治椿象类、枣食芽象甲、枣瘿蚊、枣黏虫等害虫;辛硫磷毒土防治金龟子类害虫;硫酸锌、硫酸亚铁、氨基酸钙、硼酸防治相应的非侵染性病害;硫悬浮剂防治病害兼治叶螨类害虫。

(二)主要病害及防治方法

1. 根瘤病 在山东、河北、陕西、山西、河南、安徽等枣区均有发生,属国内检疫对象,主要在苗木或幼树上侵染危害。

（1）危害症状　病害多发生于根颈部,严重时侧根、支根上也有发生,初生病瘤圆球形,乳白色或土黄色,质软光滑,随着癌瘤的增大变为褐色或棕褐色,质地坚硬,呈球形或卵形,表面粗糙、龟裂。根部受害后地上部分生长缓慢,植株矮小;苗木受害后,植树成活率低,且发育差,形成"小老树"。

（2）病原与发病规律　病原菌属细菌,菌体椭圆形或短杆状,具有 1～4 根周生鞭毛,有荚膜。根癌细菌在癌瘤表层组织或土壤内越冬,主要借灌溉水或雨水传播。另外,还可通过嫁接、耕作传播。地下害虫也起一定的传播作用。病苗的长途运输是该病蔓延的主要途径。在土壤温、湿度条件适宜(最适温度为 22℃),盐碱地(pH 值 7.3),地下害虫多,有利于该病发生。

（3）防治方法　一是加强苗木检疫,严格控制病苗外运。二是嫁接育苗时,选用无病材料(砧木或接穗)培育苗木。三是轻病株可切除病瘤,并用 0.1％升汞水消毒,以杀死病菌。

2. 根腐病　又名白绢病。在河南、山东、山西、河北等地都有不同程度发生。

（1）危害症状　主要侵害根颈部,主根和侧根也有发病。初发病在根颈部呈水渍状褐色病斑,上面着生白色的绢丝状物,即菌丝体。在高温、高湿条件下,菌丝层可蔓延至病株的整个根颈部及周围的地面。后期受害树根皮腐烂,叶片退绿,提前落叶,导致枣树营养不良,产量降低,有的甚至绝收。

（2）病原与发病规律　病原菌属真菌中半知菌亚门的罗尔夫小核菌。病菌能形成球形菌核,初生白色,表面光滑,着生于植株表面,后逐步变为棕褐色。病原菌以菌丝体在病树根部或以菌核在土壤中越冬,通过灌溉水和雨水或移栽枣树等途径传播。该病多发生于低洼、土壤黏重、管理水平差、杂草丛生的枣园。

（3）防治方法　一是选择无病苗木或脱毒苗栽植。二是加强枣园管理,清除病原菌与清除林间杂草相结合,并集中烧毁,保持枣树周围清洁。雨季枣园要及时排水,防止根部过湿。可适当多施钾肥,有利于防止烂根和促生新根。三是发现有病株时,可用刀刮除病斑,并将病斑集中烧毁,用15％乙蒜素乳油50倍液消毒伤口。同时,将发病土壤用石灰消毒。

3. 枣疯病　俗名丛枝病、扫帚病、公枣树。主要分布在河北、河南、山西、山东、陕西、甘肃、辽宁、安徽、广西、湖南、江苏、浙江等主要枣区。

(1)危害症状　主要表现为小枝丛生、花器返祖、果实畸形、叶片黄化、根皮腐烂。病株当年新生枣头不正常萌发,大量萌生新枝,丛状、纤细、节间短、叶片小、黄化。枣疯病在叶部表现为2种类型,一种为小叶型,叶片多发,丛生纤细、叶小、黄化;另一种为花叶型,叶片呈不规则块状黄绿不均、凹凸不平的花叶,翠绿色、易焦枯、具明脉。花变叶,花器退化,花柄伸长成小枝,萼片、花瓣、雄蕊变为小叶,雌蕊变成小枝。坐果率低,果实大小不一,多呈畸形,表面凹凸不平,着色不匀,呈花脸状,果肉组织松软,内部空虚,质量差,严重的病株只能看到丛状小枝,看不到果实。病树根部不定芽大量萌发,即表现出丛生状,同一条根上多处出现丛枝,枯死后呈刷状。后期病树根部皮层腐烂,从而导致全株死亡。

(2)病原与发病规律　病原为支原体,是介于病毒和细菌之间的多形态质粒,无细胞壁,具质膜,多为圆形、椭圆形或不规则形。

枣疯病主要由昆虫传播,也可经过嫁接、扦插、根蘖苗等传播。传病昆虫主要是叶蝉,如中华拟菱纹叶蝉、橙带拟菱纹叶蝉、凹缘菱纹叶蝉、红小闪叶蝉等。病原在地上部和根部均可越冬,翌年春季气温回升后大量增殖发病。枣疯病与枣园环境关系很大,距侧柏林(菱纹叶蝉主要越冬繁殖场所)越近,发病株率越高且重。据调查,距侧柏林30米以内的枣园发病率达90.6％以上,50米以内的发病株率达52.2％,距100米以内的发病株率则降为28.5％。枣园内及其周围植被复杂发病率高;山区普遍较平原发病高;与甘薯、芝麻间作的枣园发病概率高。另据调查,同一品种在冷凉地区栽培发病率低于在较温暖地区栽培。同时,管理水平也影响发病率。管理粗放、树势衰弱的枣园发病重,发病率高;集约化栽培枣园发病率低。枣疯病的病情与树龄大小呈负相关,一般情况下,20年生以下的树发病率高且重,50～100年生的发病率低且轻。婆枣、赞皇大枣、扁核酸、灰枣抗病能力最差,最易感病,广洋枣次之,九月青、鸡心枣等发病较轻,婆婆枣、长红枣、壶瓶枣、骏枣、星光等抗病性强。

(3)防治方法　一是培育无病苗木,在无枣疯病的枣园中采取接穗,或是采用组织培养脱毒,并对嫁接工具进行消毒,培育无病苗木。二是加强检疫,控制带菌病苗外运。三是选用抗病品种,栽培中选用星光等抗病品种作为主栽品种。四是提高枣树管理水平,加强对刺吸式口器害虫,尤其是菱纹叶蝉等枣疯病媒介昆虫的防治。五是减少病原,彻底刨除重病树、病根蘖,及时清除病枝。

(三)主要虫害及防治方法

1. 枣尺蠖　又名枣步曲、顶门吃、弓腰虫,属鳞翅目尺蠖蛾科。在我国各大枣区均有分布,北起锦西、宁夏的灵武,南到浙江义乌、兰溪,东起江苏南京,西至甘肃敦煌,几乎所有枣园都不同程度受枣尺蠖为害。

(1)为害症状　以幼虫取食枣芽、叶为害。枣芽萌发吐绿时,初孵幼虫开始为害嫩芽,导致二次萌芽,有时连二次萌芽也被其为害。随着虫龄增大,食量也随之增加,将叶片食成缺刻,严重的可将枣叶、花蕾,甚至枣吊全部吃光,从而削弱树势,造成枣树大量减产,甚至绝收。不但影响当年产量,而且影响翌年结果。

(2)发生规律　1年发生1代,有极少数2年1代,以蛹在树冠下3～10厘米深的土壤中越冬,越接近树干密度越大。翌年3月上中旬至5月上旬为成虫羽化期,盛期在3月下旬至4月中旬。

早春多雨利其发生,土壤干燥出土延迟且分散。羽化为成虫后,雄蛾飞到树干背阴面静伏,傍晚飞翔,寻找雌蛾交尾产卵,雄蛾具有趋光性。雌蛾夜间爬到树上等雄蛾交尾,将卵多产于树干、主枝老翘皮缝内,每雌成虫产卵量 1000～1200 粒。卵期 15～30 天,枣芽萌发时幼虫开始孵化,盛期在 4 月下旬至 5 月上旬。一至三龄幼虫为害较轻,喜分散活动,遇惊吓有吐丝下垂习性,借风力传播蔓延。幼虫随着虫龄的增长而为害增大,幼虫具假死性。

(3)防治方法 在土壤封冻前或土壤解冻后,挖树盘进行越冬蛹量调查,根据越冬蛹密度的大小,确定不防治区(平均 0～1 头/株)、一般防治区(2～4 头/株)、重防治区(5 头/株以上)。3 月中下旬至 5 月上旬,当日平均温度高于 7℃、5 厘米地温高于 9℃时即可预报成虫羽化出土;当日平均温度达 11℃～15℃、5 厘米地温达 12℃～16℃即可预报成虫发生高峰期;当日平均温度超过 17℃、5 厘米地温超过 19℃即可预报成虫停止羽化出土。从 4 月中下旬开始,选定具代表性的样株逐日到枣园间对样株调查幼虫发生量,当 100 个枣股上超过 3 头时,应及时采取化学防治措施。

①农业防治:结合管理,冬春季深翻枣园或挖树盘,消灭越冬虫蛹。

②物理防治:害虫出蛰期(3 月中下旬),在树干上涂无公害黏虫胶,防止雌蛾上树。

③化学防治:成虫出土前,在树干周围 1 米以内喷洒 48%毒死蜱乳油 300～500 倍液,喷施土表,之后耙松表土,以毒杀羽化出土的成虫。4 月下旬至 5 月上旬幼虫孵化期,喷布 4.5%高效氯氰菊酯乳油 1000～2000 倍液、25%灭幼脲 3 号乳油 1500～2000 倍液,均可取得较好防效。

④生物防治:保护天敌,利用益鸟、益虫自然控制害虫,降低虫口密度。枣尺蠖的主要天敌有枣尺蠖寄蝇、家蚕追寄蝇等。

2. 枣食芽象甲 又名枣飞象、枣灰象、芽门虎,属鞘翅目象甲科。主要分布于河南、河北、陕西、山西、甘肃、辽宁等省枣区,是枣树上出现最早的叶部害虫之一。

(1)为害症状 以成虫取食枣树的嫩芽。严重时将嫩芽全部吃光,长时间不能正常萌发,枣农俗称"迷芽",造成二次发芽,大量消耗树体营养,削弱树势,导致枣树开花结果推迟,产量低、质量差。幼叶展开后,成虫继而食害嫩叶,将叶片咬成半圆形或锯齿形缺刻。幼虫生活在土中,为害植物根部。

(2)发生规律 1年发生1代,以幼虫在树冠下5～50厘米深的土壤中越冬。翌年3月下旬至4月上旬化蛹,4月中旬至5月上旬是羽化成虫盛期,也是为害的高峰期。羽化为成虫后取食幼芽。在羽化初期,气温较低,成虫一般喜欢在中午取食为害,早晚多静伏于地面,但随着气温的升高,成虫多在早晚活动为害,中午静止不动,成虫有多次交尾的习性,雌虫白天产卵,卵块产于枣树嫩芽、叶面、枣股、翘皮下及枝痕裂缝内。卵期20天左右。幼虫孵化后坠落于地,潜入土中,取食植株地下部分,9月份以后,在入土层30厘米处越冬,春暖花开,幼虫上升,在土层10厘米以上,做球形土室化蛹。成虫具假死性、群集性。

(3)防治方法

①人工防治:在羽化成虫期,早晨趁露水未干时,杆击枣树,一般击树2～3次,利用该虫假死性,人工捕杀或毒杀落地成虫。

②物理防治:枣树萌芽前,在树干涂无公害黏虫胶,阻止成虫上树。

③化学防治:成虫出土前在树干周围1米以内喷洒48%毒死蜱乳油300～500倍液,喷施土表,之后耙松表土,以毒杀羽化出土的成虫,每株成树树盘撒5%辛硫磷颗粒剂100～150克。在成虫发生盛期(4月中下旬),采用4.5%高效氯氰菊酯乳油1000～2000倍液树冠喷雾,防止成虫为害。

3. 枣黏虫 又名卷叶虫、卷叶蛾、包叶虫等,属鳞翅目小卷叶蛾科。该虫分布广泛,主要分布于河南、河北、山西、山东、陕西、湖南、安徽、江苏、浙江、湖北等枣区,是枣树主要害虫之一。

(1)为害症状　以幼虫为害枣芽、叶片、花,并蛀食枣果。枣树展叶时,幼虫吐丝缠缀嫩叶、芽、枣头、花,躲在其内为害,轻则将叶片吃成大小缺刻,重则将叶片吃光。枣树花期,幼虫钻在花丛中吐丝缠缀花序,食害花蕾,咬断花柄,造成花枯凋落。幼果期,幼虫蛀食枣果,造成幼果大量脱落。虫口密度大的枣园,暴发成灾,造成绝收。

(2)发生规律　该虫因地区不同,发生代数差别较大,在山东、山西、河南、河北、陕西等枣区1年发生3代,江苏、安徽等省枣区1年发生4代,世代重叠。均以蛹在枣树主干粗皮裂缝内越冬。翌年3～4月份羽化为成虫,成虫白天潜伏于枣叶背面或间作物、杂草上,傍晚、黎明活动,交尾产卵,卵多产于1～2年生枝条和枣股上。第一代幼虫期23天左右,发生在萌芽展叶期,第二代幼虫期约38天,发生在花期,第三代幼虫期53天左右,发生在幼果期。非越冬代多在叶苞内作茧化蛹,越冬代多在树皮缝中化蛹。成虫具趋光性。枣黏虫的各代发生期受气温的影响而有早晚。越冬代成虫羽化比较适宜的温度为16℃左右,低于16℃则羽化推迟。雌蛾产卵最适温度为25℃,气温在30℃以上时不适合产卵,产卵量也相对减少。发生3代地区,以第二代卵量最多,第三代卵量最少。另外,若5～7月份阴雨连绵,温湿度较大,该虫容易暴发。

(3)防治方法　3月上中旬开始,在枣园间每隔100米挂一诱捕器,逐日统计诱蛾量,进行幼虫发生期预测。一般成虫发生高峰期与幼虫发生盛期相距16～18天。一是结合枣树冬季管理,刮除老翘树皮,集中烧毁,以消灭越冬蛹,或秋季在主枝基部绑草绳,诱虫在草绳上化蛹,集中烧毁。二是在成虫发生盛期,利用其趋性,用黑光灯、频振式杀虫灯和糖醋液诱杀,由于雄虫对性诱剂敏感,可用性诱剂诱杀。三是化学防治。第一次用药一般在枣树发芽初

期,幼虫发生盛期,树冠喷 4.8%高效氯氰菊酯乳油 1000～2000
倍液可取得较好防效。四是生物防治。保护和利用害虫天敌,以
虫治虫。枣黏虫的天敌主要有松毛虫赤眼蜂、卷叶蛾小姬蜂和姬
蜂、白僵菌等。

4. 枣瘿蚊　又名枣蛆、卷叶蛆,属双翅目瘿蚊科。分布于全
国各枣区,以山东、山西、河南、河北、陕西五大枣区为害最为严重,
是枣树叶部主要害虫之一。

(1)为害症状　以幼虫吸食枣树嫩叶汁液为害。枣瘿蚊的雌
成虫产卵于未展开的嫩叶空隙中,幼虫孵化后,即吸食嫩叶汁液,
叶片受刺激后两边纵卷变为筒状,叶片变成紫红色,质硬而脆,不
久即变黑枯萎。

(2)发生规律　1 年发生 5～6 代,以老熟幼虫在浅土层 3～5
厘米处结茧越冬,翌年 4 月份羽化为成虫,成虫期 1～3 天,产卵于
刚萌动的枣芽上,卵期 3～6 天,5 月上旬达为害盛期,第一至第四
代幼虫发生盛期分别在 6 月上旬、6 月下旬、7 月中下旬、8 月上中
旬。8 月中旬开始产生第五代幼虫,除越冬幼虫外,平均幼虫期和
蛹期 10 天,幼虫越冬茧入土深度因土壤种类而不同,黄土地多在
离地面 2～3 厘米处,沙土则在 3～5 厘米处,最适宜的发育温度为
23℃～27℃。另外,5 月份若干旱少雨,该虫发生较迟。

(3)防治方法

①农业防治:结合枣树冬季深翻树盘,消灭越冬虫茧。

②化学防治:在越冬羽化成虫前或老熟幼虫入土前进行地面
封闭,在树冠下喷施 50%辛硫磷乳油 300 倍液,喷后浅耙,可杀死
出土幼虫或老熟幼虫。在幼虫为害高峰期喷施 10%吡虫啉可湿
性粉剂 1500～2500 倍液,均可取得较好防效。

5. 绿盲蝽象　属半翅目盲椿象科。主要分布于黄河、长江流
域枣区,近几年已成为北方枣区主要早期害虫,为害逐年加重。

(1)为害症状　以若虫为害枣树幼芽、嫩叶及花蕾。以成虫、

若虫为害叶片、花蕾、花及果实。被害叶片先出现枯死小点,进而变成不规则的小洞,皱缩不平,俗称破叶疯。重者腋芽、生长点受害,造成腋芽丛生。受害花蕾停止发育而枯落,严重时几乎无花。

(2)发生规律　在山东、河北1年大多发生4代,少数5代。以卵在枣芽鳞片中越冬,极少数卵在树下杂草茎上越冬。4月中下旬越冬卵开始孵化若虫,早期若虫在枣树萌芽前先为害作物和杂草,二龄后上树为害枣树,晚孵若虫随枣树萌芽即为害嫩芽及幼叶。成虫和若虫于晚上、有露水的早上及阴天活动为害,爬行迅速,受惊扰立即逃匿,5月上中旬达为害盛期。5月下旬后,羽化成虫迁飞到园外湿度较大的地方,为害其他作物,9月下旬至10月下旬,最后1代成虫在树上产卵越冬。

(3)防治方法　一是枣树萌芽前在树上喷5波美度石硫合剂。二是4月中下旬枣芽萌动时,树上喷布10%吡虫啉可湿性粉剂1500~2500倍液+4.5%高效氯氰菊酯乳油1000~2000倍液,5月上中旬开花前加喷1次。三是10月中旬,虫口密度大时,喷48%毒死蜱乳油300~500倍液杀灭成虫,减少产卵量。

6. 黑绒金龟　属鞘翅目鳃角金龟科,又名东方金龟子、天鹅绒金龟子、姬天鹅绒金龟子、黑绒鳃金色。在枣产区均有分布,为害枣、桃、苹果、石榴等近150种植物的叶、花和地下根系。

(1)为害症状　以成虫食害嫩叶、芽及花;幼虫为害植物的地下组织。

(2)发生规律　1年发生1代,以成虫在土中越冬。4月中下旬出土,5月初至6月上旬为发生盛期。成虫夜间和上午潜伏在地势高、干燥的草荒地中,下午出土,群集为害,喜食寄主的幼嫩部分,有趋光性和假死性,飞行力较强。6月份为产卵盛期,卵散产于植物根际10~20厘米深的表土层中,卵期5~10天。6月中旬幼虫孵化,食害根系。8月中下旬老熟幼虫潜入地下20~30厘米处,做土室化蛹,并在其中羽化越冬。

71

(3)防治方法　一是农业防治,冬春季深翻园地,消灭地下越冬成虫。二是成虫发生期防治,利用其假死性,振落捕杀成虫,或用黑光灯诱杀成虫。三是药剂防治,用10%辛硫磷颗粒剂处理土壤,杀灭土壤中的幼虫。在成虫发生期,于下午4时后叶面喷洒5%顺式氰戊菊酯乳油2 000～4 000倍液或50%杀螟硫磷乳油1 000倍液。

7. 苹毛金龟子　又名长毛金龟子,俗称铜克郎,属鞘翅目丽金龟科。在我国分布很广,辽宁、河北、山东、山西、河南、陕西等枣区均有发生,主要为害枣、梨、苹果、桃、葡萄、樱桃等。

(1)为害症状　在果树花期,以成虫取食花蕾、花朵和嫩叶,发生严重时,将上述部分吃光。

(2)发生规律　1年发生1代,以成虫在土中越冬,翌年春3月下旬开始出土活动,4月中旬至5月上旬为害最重,5月中下旬成虫活动停止,4月下旬至5月上旬为产卵盛期,5月下旬至6月上旬为幼虫发生期,8月中下旬为化蛹盛期,9月中旬开始羽化,羽化后不出土,在土中越冬。成虫具假死性,无趋光性。

(3)防治方法　一是利用成虫的假死性,于清晨或傍晚振树捕杀成虫。二是在成虫出土前,树下施药剂,可用25%对硫磷微胶囊或25%辛硫磷微胶囊100倍液处理土壤。三是果树施有机肥时,捡拾幼虫和蛹,或用上述药剂进行处理。四是于枣树近开花前施药,果园常用菊酯类农药1 500～2 000倍液喷施。

8. 铜绿丽金龟子　又名青金龟子、铜绿金龟子,属鞘翅目丽金龟科。在我国分布很广,辽宁、河北、山东、山西、河南、陕西等省均有发生,主要为害枣、梨、苹果、桃、葡萄、樱桃等。

(1)为害症状　以成虫取食芽、叶片成不规则的缺刻或孔洞,发生严重时,仅留叶柄或粗脉。

(2)发生规律　1年发生1代,以幼虫在土中越冬,成虫翌年3月份上到表土层,5月份老熟幼虫化蛹,5月下旬开始出现成虫,为害盛期在6月上旬至7月中旬,同时也为产卵盛期。卵散产于表土层中,幼虫孵化后移至深土层越冬。成虫具假死性,有趋光性。

(3)防治方法 一是利用成虫的假死性、趋光性,于清晨或傍晚震树捕杀成虫,设灯光诱杀成虫。二是在成虫出土前,树下施药剂,可用25%对硫磷微胶囊或25%辛硫磷微胶囊100倍液处理土壤。三是果树施有机肥时,捡拾幼虫和蛹或用上述药剂进行处理。四是于枣树近开花前施药,喷菊酯类农药1500～2000倍液。

9. 灰蜗牛 属软体动物门柄眼目灰蜗牛科。分布于黄淮产区,为害枣、桑、棉、豆、麦等多种果树和农作物的芽、叶。在温室栽培时为害较重。

(1)为害症状 成体、幼体食害芽、叶。初孵幼体取食叶肉,留一层表皮,稍大后把叶片吃成缺刻或孔洞。

(2)发生规律 1年发生1～2代,以成体或幼体在林下植物的根部、草堆、松土下面越冬。越冬时,成体分泌一层白膜封住壳口。为害和产卵繁殖主要在4～6月份和11月份2个阶段,以5～6月份为害重。傍晚6时后交尾产卵。成体产卵于2～4厘米深的疏松、潮湿的土中,具有趋香、甜、腥等习性。阴凉、潮湿环境发生量大,春秋季食量较大,喜食嫩芽、嫩茎和嫩叶等。

(3)防治要点

①农业防治:人工捕杀,堆草诱集捕杀。清除园地杂草、杂物,开沟排水,使环境场所不利于蜗牛栖息。

②石灰带封锁:在沟边、渠边、地头周围撒石灰封锁带,每公顷用生石灰90千克效果良好。

③化学防治:用多聚乙醛配成含有效成分为2.5%～6%的豆饼或玉米粉等毒饵,或每公顷用8%灭蜗灵颗粒剂或6%四聚乙醛颗粒剂0.5～0.7千克,在为害初期撒施地表诱杀。

(四)缺素症及防治方法

1. 缺镁症

(1)病因　氮肥施用过多,抑制根系对镁元素的吸收;土壤中镁元素不足,导致树体吸收镁元素少,致使叶绿素含量减少,叶片退绿,光合作用受到影响,枣树不能正常生长。

(2)危害症状　缺镁时,首先新梢中下部叶片失绿变黄、渐变黄白,后逐渐扩大至全叶,进而形成坏死焦枯斑,但叶脉仍然保持绿色。缺镁严重时,大量叶片黄化、脱落,仅留下部、淡绿色、莲座状的叶丛。果实不能正常成熟。

(3)防治方法　一是冬施基肥和生长季节追肥时增施硫酸镁,每公顷施用80～150千克。二是改善土壤结构,提高土壤透气性能,释放被固定的肥料元素,增加土壤中速效养分的含量。增强树体吸收能力。三是结合喷药进行叶面喷肥,喷施0.3％硫酸镁水溶液,间隔15天喷洒1次,连续喷洒3～4次。

注意在中性和碱性土壤中,以施用硫酸镁为宜;在偏酸性土壤中,则宜施用碳酸镁。施用镁肥时,注意不可与磷肥混用。

2. 缺锌症

(1)病因　土壤施用氮肥量过多,抑制根系对锌元素的吸收;土壤施用磷肥过量,磷酸根离子易与锌离子结合,生成难溶性的磷酸锌;土壤呈碱性时,有效锌含量低,且容易流失,以上因素都会诱发枣树锌缺症。

(2)危害症状　又叫枣树小叶病。枣树缺锌时,植株矮小。新梢节间缩短,顶端叶片狭小,叶肉退绿而叶脉浓绿,花芽减少;不易坐果,坐果者,果实小且发育不良。

(3)防治方法　一是增施锌肥,结合施基肥,每株结果枣树施用硫酸锌0.02～0.05千克。改善土壤结构,提高土壤透气性能,释放被固定的肥料元素,增加土壤中速效养分的含量。二是枣树初花时,叶面喷洒 0.2%硫酸锌溶液,间隔 15 天喷洒 1 次,连续喷 3～4 次。不但预防小叶病效果好,而且可显著增强枣树耐低温、抗干旱、抗病性能,提高坐果率,增加产量,改善果实品质。三是发病较重的部分枝条,于 5 月上旬,用 4%～5%硫酸锌液涂抹枝条。

注意硫酸锌不可与磷肥混合施用。

3. 缺硼症

(1)病因　因土壤缺硼而导致的树体缺硼。

(2)危害症状　枣树缺硼时,首先枝梢顶端停止生长,从早春开始显现症状,至夏末新梢叶片呈棕色,叶柄呈紫色,幼叶畸形,叶片扭曲,顶梢叶脉出现黄化,叶尖和边缘出现坏死斑,严重时生长点死亡,并由顶端向下枯死,形成枯梢。地下根系不发达,生长慢,树势弱。花器发育不健全,落花、落果严重,表现"花而不实"。大量缩果,果实畸形,以幼果最重,严重时出现裂果,果肉木栓化,呈褐色斑块状,果实失去商品价值。

(3)防治方法　一是增施硼肥,成龄树结合施基肥,每株施硼砂或硼酸 0.01～0.02 千克。改善土壤结构,提高土壤透气性能,释放被固定的肥料元素,增加土壤中速效养分的含量。二是枣树始花期、盛花期、谢花后各喷施 1 次 0.5%红糖＋0.2%硼砂溶液,效果更好。

注意施用硼砂时,一定要用开水溶化后再稀释,均匀喷洒,避免局部硼浓度过大而引起中毒;硼在枣树体内运转力差,以多次喷雾效果好。

4. 缺铁症

(1)病因　当土质过碱、含有多量碳酸钙以及土壤湿度过大时,可溶性铁变为不溶性状态,植株无法吸收,导致树体缺铁。

(2)危害症状　缺铁又叫黄叶病,以苗木和幼树受害最重。常发生在盐碱地或石灰质过高的地方,以及园地较长时间被渍害。新梢上的叶片变成黄色或黄白色,而叶脉仍为绿色,严重时顶端叶片焦枯。

（3）防治方法　一是增施有机肥,使土壤中铁元素变为可溶性,利于植株吸收。二是将3‰硫酸亚铁与饼肥或牛粪混合施用,方法是将0.5千克硫酸亚铁溶于水中,与5千克饼肥或50千克牛粪混合后施入根部,有效期半年。三是发病初期,叶面喷洒0.4‰硫酸亚铁溶液,间隔7～10天喷洒1次,连喷2～3次。

四、苗木繁育

枣树苗木繁育的方法很多,有嫁接法、分株法、扦插法等,具体方法如下。

(一)分株法(根蘖苗)

在枣树的水平根上很容易产生不定芽,这些不定芽常常能够自然萌发或在受到刺激后而萌发成新的植株,形成根蘖苗。待根蘖苗长到一定高度时,将其与母体分离即可成为独立的苗木进行栽培。这种繁殖方法称为分株繁殖法。分株法主要有以下几种方法。

1. 利用自然根蘖育苗　枣树常在树冠周围自然萌生根蘖苗,一般来说,离母树主干越近,发生根蘖苗的水平根越粗壮,因而根蘖苗也越粗壮,但地下部须根较少,这样的根蘖苗挖出后,通常形成拐子根,因须根极少不易成活。而离母树主干较远的地方萌生根蘖苗,母根较细,虽然地上部分较矮,但其根系发达,须根很多,分株后容易成活,缓苗期短且生长健壮。这种方法的优点是简便易行;缺点是出苗量少,苗木不整齐,根系发育较差,定植后成活率偏低。

2. 开沟断根育苗　此法是利用枣根受伤易产生根蘖的特性,在枣树周围挖沟,切断根系,促进根蘖萌生。与自然根蘖育苗相比,这种方法的优点是出苗量大,苗木质量高。具体做法是在春季枣树萌芽前,于树冠外围距树干 3～5 米处,挖深 40～50 厘米、宽 30～40 厘米的环形沟或挖成顺枣行方向的条状沟,切断直径 2 厘米以下细根。根的切面要平整。然后填入松散的湿土,覆盖所有的新根,以利于伤口愈合产生根蘖苗。当根蘖苗长至 20～30 厘米时,去弱留壮,每丛根蘖苗留 1 株或 2 株,然后在沟中施入有机肥并再填土,覆土深度以埋住幼苗 1/3 左右为宜,然后灌水,促进生根,加快幼苗生长。

3. 归圃育苗　此法是将没有达到苗木质量要求的田间散生的自然根蘖苗,或开沟后产生的根蘖苗,集中移植苗圃中,继续培育,等达到苗木质量标准后再出圃。故此法又称二级育苗。优点是管理方便,苗木整齐,根系发达,出圃后栽植成活率高。苗圃地要选择土壤疏松,肥力较强、排水良好又有灌溉条件的地块。

(二)嫁 接 苗

嫁接育苗是目前世界各国常用的培育良种果树苗木的方法,用于枣苗培育具有育苗速度快、整齐一致、结果早、能保持品种原有的优良性状、根系发达、栽植成活率高等优点,并能充分利用酸枣野生资源。

1. 砧木种类的选择　枣树嫁接常用的砧木有本砧、酸枣和铜钱枣树。本砧是指枣栽培品种的根蘖苗或播种培育的实生苗。酸枣包括野生酸枣苗和播种培育的实生苗。它们都具有适应性广、抗逆性强等特点,而且根系发达,嫁接成活率高,取材容易,适于广泛利用。铜钱枣树是鼠李科马甲子属植物,多分布在我国长江以南的江苏、安徽、湖北、云南、四川及广西等省、自治区,资源丰富,用铜钱枣树种子繁殖生长快、根系发达、抗病虫、喜湿不耐干旱,嫁接枣树成活率达 80% 以上,而且生长健壮、结果早、产量高,适合长江以南地区应用。

2. 砧木苗的培育

（1）种子的采集和处理　先是准备好种子,砧木种子采用酸枣种子。在果实成熟季节选成熟度高、果皮着色充分的较大粒果实适时采集。酸枣种子的发育成熟与果实成熟同期进行,不同成熟期的果实,种子发育充实程度差异很大,直接影响出苗率。果实成熟度高、着色好,种子发育越充实,出苗率越高。出苗率与种子质量也密切相关,粒重低于 0.02 克的不出苗,0.02～0.03 克的出苗率为 33.3%,0.03～0.05 克的出苗率为 86.5～90.5%,0.05 克以上的可达 100%。采用的果种除去果肉、杂质,洗净种子并阴干、机械脱壳备用。

播种前种子 11～12 月份进行层积处理,层积前用清水浸泡酸枣种子 2～3 天,中间换水 1 次,使种子充分吸水。选择背阴、排水好、无积水处挖深 40～50 厘米,长、宽因种核多少而定的层积坑,坑地铺厚 10 厘米的湿沙,然后分层铺放种核和湿沙,使种核间都隔有细沙,离地面 15 厘米时铺 5 厘米厚湿沙封顶保湿。以备翌年播种用。

（2）育苗地选择与整地　选背风、平坦、土层深厚、肥沃、排灌条件良好的沙壤土或壤土作为育苗地。忌重茬连作,前茬最好为禾本科或豆科作物,以防发生立枯病、猝倒病等苗期病害。播种前进行耕翻和精细整地,每公顷施入腐熟农家肥 60 000～75 000 千克(4 000～5 000 千克/667 米²)、尿素 20 千克、过磷酸钙 50 千克左右,深翻 20～30 厘米,将地整平、耙平,做成畦面宽 70 厘米、畦背宽 30 厘米的苗畦,灌水沉实,以待播种。

（3）播种　用上年沙藏好的种子进行播种。如果酸枣或枣核未来得及层积处理,在播种前可用 70℃～75℃的热水浸种,待水温自然冷却后用冷水洗净,并在水中浸泡 2 天再进行播种。另外,还可脱壳取出种仁,春季直接播种。播种时期一般以 3 月下旬至 4 月中旬为宜。播种量每公顷 45～60 千克(3～4 千克/667 米²)。

播种方法采用双行带状沟播法。宽行行距 60 厘米,窄行行距 30 厘米,播种沟深 2～3 厘米,播种后覆土、耙平,用扑草净封闭土壤,其用量为 0.2 克/米²,然后覆膜。

3. 嫁　接

(1)嫁接前的准备　接穗要选品种纯正、生长健壮、无病虫害的优质丰产树作采穗母株。选用生长充实的 1 年生枣头为接穗(二次枝主芽萌发率高的品种如冬枣也可用粗壮的 1 年生二次枝为接穗)。接穗于落叶后、枝条进入休眠期至萌芽前采集。采来的接穗剪成单芽枝段,蜡封,蜡温控制在 95℃～105℃。蜡封接穗保存于 0℃～5℃的冷库或地窖中。

(2)嫁接前砧木的处理　嫁接前 1 周,砧木苗圃要施肥灌水 1 次,同时将砧木基部的二次枝及多余的根蘖去掉。这样有利于促进形成层活动,提高嫁接成活率。

(3)嫁接时期　圃地枣苗嫁接有以下几个适宜时期:一是春季发芽前 2～3 周。此期气温 10℃左右,砧苗处于休眠末期,形成层还不离皮,宜采用切接和舌接。二是发芽及以后的 3～4 周,此期气温达 15℃左右,地上部开始发芽,韧皮容易剥离,是皮下接(也称插皮接)和舌接的适宜时期。三是发芽后 3～4 周和 6 月下旬至 7 月份砧木离皮期间,可充分利用直径 3～4 毫米较细接穗进行芽接。

(4)嫁接方法　枣树常用的嫁接方法有切接、皮下接、劈接、芽接、嫩梢接、腹接、合接、舌接等。

①切接法:切接用于本砧和酸枣砧,成活率不如劈接和舌接;用于铜钱树砧,成活率很高,而且操作比较简单。切接的嫁接适期为早春发芽前。将砧木在距地面 10 厘米左右剪梢,然后在剪口的一侧垂直向下切一纵接口,长和宽大体接近于接穗的削面。接穗要具有一个发育良好的芽眼或枣股,在芽眼或枣股的背下部位,向下斜削一个平整的 3～4 厘米长的长接口,接口的先端要达到髓

部。然后再在该接口先端背面,以30°左右,斜削一短接口,长约5毫米,先端与长接口齐平。砧、穗插合时,接穗长接口两侧的形成层(或韧皮)要与砧木接口两侧的形成层(或韧皮)对贴平齐,上部外露2毫米。缠绑时,要使接口自上而下贴合严实。最后用小块塑料薄膜包严接穗和接口(图5-1)。

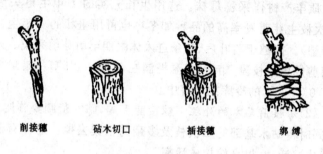

削接穗　　　砧木切口　　　插接穗　　　绑缚

图5-1　切　接

②皮下接:其优点是方法简便,成活率高。嫁接时,砧木在距地面10～20厘米处剪梢,清除所有分枝,剪砧时,要求剪口下有长3～4厘米以上的平直枝面。然后在剪口皮层较厚、枝面较平的一侧,自上而下纵切一道,长3～4厘米、深达木质部。接穗枝径,春接时要求5～6毫米以上,夏接时要求4毫米以上。削接穗时,要求从芽眼或枣股背面向下斜削马耳形的平直接口,长2.5～4厘米(在接穗允许的情况下,尽可能削长接口,有利于嫁接成活)。接口先端背面,削去皮层,长3～4毫米,然后用刀口拨开砧木接口的韧皮,尖端对正砧木切缝,小心插入接穗,接穗削面上部外露1～2毫米,插合后缠绑严实。粗的砧木可接1～2个接穗(图5-2)。

③劈接:取已封好蜡的接穗,将接穗削成两个等长斜面,斜面长3～5厘米。先剪或锯掉砧木上部,剪口或锯口用剪枝剪或小刀修整平滑,用劈接刀从砧木中央劈开,深度应略长于接穗面。将砧

木切口撬开,插入削好的接穗,使接穗和砧木的形成层对齐(至少一侧的形成层对齐),接穗削面上部应微露出。然后用塑料条将接口绑紧包严。粗的砧木可接 2～4 个接穗。

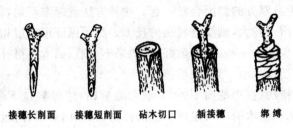

接穗长削面　　接穗短削面　　砧木切口　　插接穗　　绑缚

图 5-2　皮下接

④腹接(腰接):在接穗基部削一长 3 厘米的削面,再在其对面削 1.5 厘米左右的短削面,长边厚而短边稍薄。砧木可不必剪断,选平滑处向下斜切一刀,切口与砧木垂直轴约成 15°角,切口不可超过砧心,其长度与接穗长削面相当,将接穗的长面向内,短削面向外插入砧木切口,使接穗和砧木的形成层对齐。如果砧木需要截去上部,可在接口上方距接口 0.8 厘米左右处剪砧,用塑料条绑紧包严(图 5-3)。

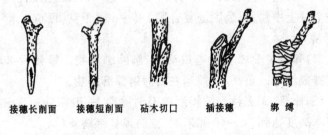

接穗长削面　　接穗短削面　　砧木切口　　插接穗　　绑缚

图 5-3　腹　接

⑤合接：将砧木、接穗的伤口面贴合在一起，一般应用于较小的砧木或接穗与砧木同等粗度时。操作时，先将砧木在适宜的部位剪断，然后用刀削成马耳形斜面，接穗用蜡封，也同样削个马耳形斜面，再将双方的斜面合在一起。这种方法看起来简单，但要使两个伤口面一样大，则要有较高的技术。为了保证形成层相接，砧木先适当少削去一些，接穗削好后，如果不合适，砧木还可补削，以达到双方切口大小一致，密切接合。

⑥舌接法：在距地面10～20厘米处剪砧，清除剪口下所有分枝，然后选与砧木的剪口粗度相近的接穗，砧木的剪口和接穗下端都削成3～4厘米平直等长的马耳形斜面，斜面近先端1/3处，顺木纹切一纵口，长度超过斜削口的1/3。然后将接穗和砧木的斜削面、纵切口相对插合，要求接口枝面对齐(如接穗细，对齐一侧枝面即可)，用塑料条绑紧包严。

4. 接后管理

(1)定苗　幼苗出土后，顺沟向割膜，幼苗长出至7片真叶时定苗，每公顷留苗量9万～12万株(每667米^2 0.6万～0.8万株)。

(2)灌水和中耕除草　定苗后，揭膜灌水催苗。中耕除草。

(3)追肥　定苗后结合灌水第一次追肥，每公顷施尿素112.5～150千克(每667米^2 7.5～10千克)，第二次追肥在6月下旬至7月上中旬，每公顷施复合肥225～300千克(每667米^2 15～20千克)。

(4)嫁接苗管理　检查成活率、解除绑缚物。嫁接后20～30天检查成活率。苗高40厘米左右时解除绑缚物。

(5)除萌、立支柱　嫁接后应及时除萌，一般需除萌2～3次。当苗木高度达到30～40厘米时，立防风柱绑缚新梢。

5. 苗木出圃　在苗木落叶后至土壤封冻前或翌春土壤解冻后至萌芽前出圃。起苗前应灌透水，保证苗木主、侧根系完好。避免大风烈日下起苗。

起苗后不能当天运走或栽植的苗木应进行假植,在背阴干燥处挖假植沟,将苗木根部埋入湿沙或湿土中进行假植。如需越冬假植,应将苗木散开全部埋入湿沙中,及时检查温湿度,防止霉烂。不论是临时假植还是越冬假植,均应按枣苗的品种、级次分类进行。

远距离外运苗木应截干,主干留 60～100 厘米,每 50 株 1 捆,根部蘸泥浆,装入草袋并用塑料薄膜包好,外套麻袋。每捆苗均应挂标签,注明品种、等级和数量。中途洒水保湿。

(1)一级苗木标准　苗高 100 厘米以上,基径 1 厘米以上。垂直根长 20 厘米以上,具有粗度 3 毫米以上侧根 5 条以上,根系无严重劈裂。整形带内有健壮饱满主芽 5 个以上。嫁接部位愈合良好。无严重机械伤和病虫害。

(2)二级苗木标准　苗高 80 厘米以上,基径 0.8 厘米以上。垂直主根 20 厘米以上,具有粗度 2 毫米以上侧根 5 条以上。芽体同一级。嫁接部位愈合良好。无严重机械伤和病虫害。

(三)扦 插 苗

扦插繁殖是把枣树的枝或根插入土壤中,使其生根而形成新的植株的方法。枣树枝直接扦插生根困难,成活率低。如果经过植物生长调节剂处理和全光照自动喷雾,可大大提高成活率。枣树扦插育苗分为硬枝扦插育苗、绿枝扦插育苗和根插育苗等。

1. 硬枝扦插育苗　在枣树萌芽前,选取健壮的枣头 1 年生枝条,剪成 15～20 厘米长(具 3～4 节),上端距顶芽 1 厘米处平剪,下端在节部位剪斜口。把剪好的插条捆成捆,20～50 根 1 捆,用 500 毫克/升吲哚丁酸或生根粉浸泡 10～12 小时。取出后放在电热床内,插条的 2/3 插入湿沙中,进行催根处理。电热床温度控制在 25℃～28℃,沙子湿度保持在 40%～50%。催根处理 20 天左右,产生愈伤组织后及时移出,插到苗圃。扦插距离以行距30～40厘米、株距20厘米左右为宜。在扦插前,最好用地膜覆盖,插后灌透水,一般20～30天可发芽。

2. 绿枝扦插育苗

(1)**扦插材料**　选用当年生半木质化枣头、永久性二次枝。以枣头或永久性二次枝为扦插材料的接穗,长15～20厘米,具2～5节,顶端在芽上0.5厘米处剪平,下端剪成斜茬,加大伤口面积,增加发根概率。插穗发根部位都在下端剪口上,因而剪口位置可以在节上,也可以在节间。

(2)**插穗处理**　将剪定、去叶的插穗,先用0.1%多菌灵溶液浸泡1～2分钟消毒防腐。抖落水滴后,选用1 000毫克/升的吲哚丁酸或吲哚乙酸、萘乙酸,或100毫克/升生根粉溶液,浸渍基部5～10分钟,准备扦插。

(3)**插床和基质**　插床建于保湿、散温性能良好的温室、塑料大棚或小拱棚内,排水要良好。床面用0.1%多菌灵和0.2%的辛硫磷灭菌杀虫。上面铺放15厘米厚的基质。基质以1∶1的细沙和煤渣灰掺和而成,也可用纯细沙。

(4)**扦插**　将处理好的接穗,按10厘米×6厘米的密度直插于插床的基质中,深度达2～3厘米。要求压紧插穗近旁的基质,叶片不互相搭连,以防灌水造成插穗歪斜,叶片沾水黏贴,引起腐烂、落叶。插穗枝型不同,发根早晚和扦插期有所差异,为便于操作管理,不同枝型的插穗应分区扦插。

扦插从5月下旬至8月下旬都可进行,只要插床的基质温度能均衡维持在日平均温度19℃～30℃的范围内,扦插都能成活。

(5)**移植锻炼和假植**　插穗扦插30～40天,多数能形成10条左右,平均长3.5～5.1厘米,最长15～18厘米的白色幼根。此时应将幼苗小心挖起,以25厘米×12厘米的密度移植于露地苗畦,继续培养成苗。插床腾出后可进行下一批扦插。移栽于露地苗畦的生根苗,最初 1 周须喷浇 1～2 次水,并罩上塑料薄膜拱棚和荫棚,遮阴保湿,小心进行通风锻炼。1～2 周后酌情撤去塑料薄膜拱棚,2～3 周后撤去荫棚,同时注意肥水管理,保苗生长。

3. 根插育苗　根插育苗就是把枣树根段埋入土中,使其产生不定根和不定芽,形成新的植株。具体方法是秋季枣树落叶后,由健壮母株周围直接挖取或结合秋季深翻、平整土地等收集根系,要求根粗 0.5 厘米以上,剪成 15～20 厘米长。按根系粗细分级,50 或 100 根捆成 1 捆,埋入地窖内的湿沙中贮藏,待春季土壤解冻后进行根插。

按行距 40 厘米、株距 20 厘米左右,开沟倾斜埋植苗圃地里,根段上端与地面平,埋土后踩实、灌水。稍干后用地膜覆盖保湿增湿。待幼苗萌发后要及时插一出苗孔,选留 1 个健壮芽,其余全部去除,新梢长至 15 厘米时,结合灌水追施少量氮肥,促进幼苗生长。根插苗 2 年出圃。

五、大树高接换头

随着枣树新品种不断培育,一些枣树老品种不适应当前市场,就需要进行更新,又要尽快扩大树冠,形成产量,就需要进行大树高接换头。

(一)嫁接时期

嫁接时期一般以 3 月中旬至 5 月初为宜。

(二)砧树的清理

大树高接换头时,针对不同年龄时期,砧树的清理不同。年龄时期较短,直径在 10 厘米以下的大树,可在基部锯掉,把锯口削平,以备嫁接;如果是成龄大树,选取主枝基部较平滑部位锯掉,把锯口削平,以备嫁接。为了迅速扩大树冠,早日丰产,还可在枝组上嫁接。

(三)嫁接方法

嫁接方法有改良式腹接、插皮接、劈接等(详见上节)。

(四)高接后管理

大树高接后管理很重要,主要是及时清除萌蘖,在枣头长至15厘米以上时,要及时绑支棍,固定枣枝,防止被风刮断。

六、利用酸枣资源改接大枣

酸枣嫁接大枣,经过几年的工作已取得很大成绩,栽培面积已达数万公顷。酸枣嫁接大枣前,要做好以下准备。

(一)清　棵

野生酸枣大多丛生或棵与棵之间距离过近,嫁接不易操作,所以要把嫁接以外多余的酸枣树清除。

(二)整修台田

在坡度较缓、酸枣较多的山坡,要整修台田,以利于灌溉。

(三)修鱼鳞坑

在坡度较陡、酸枣较少的山坡,修鱼鳞坑,拦截雨水。

(四)筛选好品种

酸枣嫁接大枣时,一定要筛选好品种,避免损失。

(五)嫁 接

1. 接穗准备

(1)采集 选品种优良、生长健壮、丰产、无枣疯病的成龄枣树,结合冬剪或接前剪取充实、无病虫害的1年生发育枝(枣头)作为接条,采下后剪下二次枝(粗壮的二次枝也可用作接穗)打捆。要用湿沙埋藏于阴凉处,也可剪段蘸蜡后贮藏。

(2)剪段蘸蜡 采集后或嫁接前取出接条,留6～10厘米长剪截成段,上端必须从距接芽1厘米处剪断,一般一节(芽)剪成一段,节间短的或二次枝可二节剪一段。然后采取速蘸法用蜡封严(注意蜡温不高于105℃),放凉后,置于通风、低温、阴凉处贮藏备用。

2. 砧木选择与处理 选生长健壮、无枣疯病的基径在1厘米以上的酸枣作砧木,选定后要进行清棵,即将植株附近的杂草和萌蘖全部除掉,一般一株(丛)留一干,以利于嫁接。

3. 嫁接时间 劈接、腹接以春季树液开始流动至发芽前进行,即3月下旬至4月中旬;插皮接一般在砧木芽体萌发后、树皮易剥离时进行;芽接在形成层活动旺盛的生长季进行;绿枝嫁接于6月中旬至7月中旬进行。

4. 嫁接方法

(1)劈接 在接穗基部削成两面3厘米等长的楔形削面,平直光滑。在距地面5～10厘米处选砧木平滑部位剪砧,用刀从中间纵劈,劈口长要稍长于接穗削面。将接穗插入(粗砧木可插两穗),形成层对齐(即砧木和接穗的皮与木质部接合处),上露白(即接穗的削面要露出砧木截面0.3厘米左右),下蹬空(即接穗削面顶端下部与砧木劈口要留有一点劈口空间),用塑料条把接口绑紧包严,以利于接口愈合。

(2)插皮接 在接穗主芽背面下端削一长3厘米马耳形长削

面,对面尖端削成长0.3～0.5厘米小切面。在距地面10厘米左右剪砧,并于砧木迎风面光滑处用刀从剪口向下纵切皮层长2厘米、深达木质部。将接穗长面朝里插入皮层,削面稍露出砧木截面,用塑料条把接口和砧木截面绑紧包严。

(3)剪腹接　用剪枝剪把接穗下端纵剪成2～2.5厘米的长削面,再反过来把另一面剪成1.5～2厘米的短削面。在砧木距地5厘米左右平滑处沿45°斜角剪截,然后再从高截面的一侧,向斜下方剪成不超过干粗1/3的斜剪口长2.5厘米,将接穗长面向里插入,形成层对齐,用塑料布条包严。这种方法简便、快捷、成活率高,但砧木不可过粗。

(4)芽接　选生长充实、健壮1～4年生枝条的主芽为接芽,先在芽上0.3～0.5厘米处横切一刀,长0.6～0.8厘米、深达木质部,再从横切口两端向下斜切两刀,于芽下方1～2厘米处相交,剥取下三角形芽片,在砧木下部光滑处切"T"字形切口,插入芽片,芽片上端与砧木横切口处皮层对齐、护芽肉贴紧,用塑料条绑紧(图5-4)。

接芽　　　"T"字形切口　　　插接芽　　　绑缚

图5-4　芽接

(5)绿枝嫁接　选当年生半木质化枣头作接穗,随采随蘸蜡随接。砧木于距地20～30厘米处剪截(砧木上必须10片以上正常叶),嫁接具体方法同劈接。

（6）带木质芽接　利用当年半木质化枣头上的主芽作接芽，剪掉二次枝。从芽上1厘米处和芽下1~1.5厘米处剪断，然后用刀纵切两半，再把带木质的芽片下端带皮层的一面削一长0.3厘米的小斜面。砧木距地面20~30厘米处剪截，但必须保留2~3个带正常叶片的二次枝，嫁接部位要选择在砧木顶端第一个二次枝下边光滑部位。其他嫁接方法同芽接。

七、建园和栽植

枣树适生范围广，抗逆性强。枣树在年平均温度8℃~14℃，1月份平均温度不低于-9℃，最低温度不低于-31℃，花期日平均温度稳定在22℃~24℃。生长季（4~10月份）有效积温大于4 000℃，日照时数超过1 600小时，年降水量在400毫米以上，海拔高度低于600米，pH值5.5~8.5，无霜期135天以上，沙、壤、黏土均可栽培。

（一）园地选择和规划

1. 园地选择　选择土层深厚、土壤肥沃、pH值5.5~8.5、排水良好的沙壤土或壤土建园，山地建园坡度应在30°以下。枣园周围没有严重污染源。

2. 园地规划设计　栽植前进行园地规划和设计。包括防护林、道路、排灌渠道、小区、品种配置、房屋及附属设施，合理布局并绘制出平面图。

3. 改良土壤　定植前，平原建园应进行土地平整，沙荒地应进行土壤改良，山区或丘陵地应修筑水平梯田。

（二）品种选择和品种配置

枣树的种类很多，仅记载的就有700多种，其中分为制干品种、鲜食品种和干鲜兼用品种。各地应选择与当地生态条件类似地区的优良品种,或经引种试验选出的外地良种。自花结实能力强的制干品种可单一种植,已获规模效益。另外,在品种选择上,要选丰产、抗病性强的品种。大体上以制干或兼用品种为主,适量发展鲜食品种。根据当地立地条件和市场前景确定主栽品种2～3个。

目前,生产上栽植的制干品种有金丝小枣、婆枣、赞皇大枣、无核金丝小枣、相枣、灵宝大枣等;鲜食品种和干鲜兼用品种有冬枣、无核小枣、临猗梨枣、早脆王、园丰枣、辣椒枣、七月鲜、金丝新1号、金丝新2号、金丝新13号、金丝新4号等品种。

(三)栽植密度和行向

1. 栽植密度　枣树栽植密度依据当地的环境条件、管理水平及栽培目的综合考虑。

(1)平地建园　株距2～4米,行距3～6米。

(2)山地建园　株距2～3米,行距4～5米。

(3)枣粮间作　株距2～3米,行距10～15米。

2. 栽植行向　栽植行向南北行,山区沿等高线栽植。

(四)栽植时期和方法

1. 苗木准备　为了使幼树生长整齐一致,定植前先对要栽的苗木品种进行核对,避免出错,同时对苗木进行分级,使同类苗栽于同一行或同一地里,便于管理。

2. 栽植方法　挖长、宽、深各0.6～0.8米的定植穴,土层浅或砂石多的山区丘陵地应进行客土改良。每穴施腐熟农家肥50千克左右,与坑土拌匀后回填并灌水,土壤沉实后栽植。苗木栽植前用促根剂处理,栽植时应使苗木根系舒展。栽植深度以苗木根颈与地面相平为宜。栽后踏实并灌水,水下渗后干土封缝并进行地膜覆盖。

3. 栽植深度 苗木的栽植深度以苗木根颈部与地面相平为好，即嫁接苗露出地面 10 厘米左右为宜。

(五)栽后管理

枣苗定植时，灌水后及时覆盖地膜，起保湿和提高地温的作用。枣树发芽后，及时喷药防治病虫害，保证叶片正常生长。及时除草。间作物以低秆作物为主，不与枣树争水、争肥、争阳光，保证枣树正常生长。

第六章　花期管理(5～6月份)

一、提高坐果率

枣树落花落果严重,坐果率一般仅为1%左右。这与枣树本身的生物学特性有关,也与立地条件、管理水平和气候条件有关。因此,保花保果尤为关键,具体措施如下。

(一)环　剥

花期环剥的原理是,通过环状剥皮,在花期或落果高峰以前,切断韧皮组织中养分运转通道,使叶片合成的光合产物一时不能下运,集中于树冠部分,供给花朵和幼果,提高坐果率。

1. 环剥时间　各品种开花坐果的特性不同,因而环剥时间也有差异。一般来说,环剥最适宜的时间在盛花初期,即全树大部分结果枝已开花5～8朵,正值花序最好的"头篷花"盛开之际。

2. 环剥方法　幼树干径达到10厘米左右开始主干环剥。第一次环剥口距地面高20～25厘米,以后每年上移3厘米。环剥宽度为幼树干径的1/10,幼树或弱成龄树0.3～0.4厘米;中庸成龄树0.5～0.7厘米;偏旺成龄树0.8～0.9厘米。环剥后注意环剥口保护,以防虫害,使环剥口适时愈合。一般采用涂药、绑缚塑料薄膜等方法。涂药方法是于环剥后每隔1周左右,在环剥口涂杀虫剂。绑缚塑料薄膜是于环剥后在环剥口绑缚塑料薄膜,起到保护环剥口、有利于愈合的作用。要求环剥口在25～40天内愈合。

树干径过细可采用环割的方法。

(二)花期喷水

喷水时间一般以下午近傍晚时较好。一般年份喷 2～3 次,严重干旱的年份可喷 3～5 次。一般隔 1～3 天喷 1 次水。

(三)花期喷肥及植物生长调节剂

在盛花期喷 15～20 毫克/升赤霉素、0.05%～0.2%硼砂、0.3%～0.5%尿素混合液。第一次喷后相隔 5～7 天再喷 1 次。

喷肥时期,一般在 6 月上旬开始(盛花期)。喷施植物生长调节剂和微量元素,一定要注意浓度,浓度过高或过低都起不到应有的作用。尤其是当浓度过高时还会降低坐果率。喷施植物生长调节剂对提高坐果率的效果,与树势、肥水、管理水平、年份、气候条件等因素有关,树势强壮,肥水充足,喷施效果好。如果树势弱,肥水管理跟不上,喷后效果差,即使当时坐果率提高,但到后期由于树体营养匮乏而导致大量落果,这种情况在生产上经常遇到。

喷洒药液时间,以下午 4 时以后或早晨 9 时以前为最好。

赤霉素分为水溶性和酒精溶性,有效成分含量也不同,购买后一定要看好说明。如果是酒精溶性,就先用酒精或高度白酒溶开,再配制。

(四)花期放蜂

枣花是优良的蜜源植物,同时通过蜜蜂授粉,可提高坐果率。每 3 公顷枣园放 1～2 箱蜜蜂。开花前 2 天将蜂箱置于枣园中。采用放蜂授粉的果园,花期禁止喷对蜜蜂有害的农药。

(五)夏　剪

5 月下旬(开花前期)主要工作有拉枝、撑枝、摘心、抹芽。具体操作参照第三章。

二、土肥水管理

此时土壤管理主要是中耕除草、枣园覆盖、生草等。肥水管理主要以开花期追肥(5月中下旬),仍以速效氮肥为主,同时配以适量磷肥,此期追肥可促进开花坐果,提高坐果率。施肥后及时灌水,称为花期水,此期正值天气干旱时节,而花期枣树各器官生长迅速,对水分、养分争夺激烈,由于缺水常出现焦花现象,严重影响坐果,产量下降。因此,花期灌水是很重要的。

第七章 果实发育期管理
（6～9 月份）

一、夏　剪

此期的夏剪工作是前面工作的继续，主要有拉枝、撑枝、摘心、抹芽、拿枝、扭梢等，详见第三章。

二、土肥水管理

此时期正值高温、高湿季节，杂草生长旺盛，土壤管理应及时进行中耕除草，搞好地面覆盖及生草等。肥水管理是在 6 月下旬至月 7 上旬幼果发育期，此期在施氮肥的同时，要增施磷、钾肥，其作用是促进幼果生长，避免因营养不足而导致大量落果。在 8 月上中旬，果实迅速膨大期，氮、磷、钾肥配合施用，以促进果实膨大和糖分积累，提高枣果实品质。

一般在枣树幼果迅速生长阶段、枣果体积膨大期，需水量大，结合追肥灌水，可促进枣果细胞分裂和增大，对枣产量提高十分有利；反之，土壤供水不足，天气干旱，很容易出现枝叶和幼果争夺水分的现象，从而造成幼果萎蔫，不仅影响枣树产量，进而影响枣果质量。

追肥一定要和灌水结合起来，追肥后应及时灌水。

此期，枣区多正值雨季，追肥可结合降雨进行。此外，当出现暴雨时，一些地势低洼枣园，易出现涝害，应及时排水。

三、果实发育前期病虫害防治

(一)防治规范

1. 病虫害发生的主要特征　枣落花后是果实形成和生长期，也是多种病虫害发生危害的时期。这个时期病虫害发生的特点是病害初侵染，害虫处在为害始期。

此时的主要病虫害有枣锈病、枣缩果病、枣早期落叶病等和山楂叶螨、枣黏虫、刺蛾类、桃小食心虫、美国白蛾、蝉类等。

2. 防治技术规范

(1)人工防治　摘除虫卵和枣头；疏除过密枝条，改善通风透光条件，抑制害螨发生和病害流行。

(2)生物防治　保护利用蚜虫天敌、害螨天敌；结合测报，利用性诱剂进行迷向。

(3)化学防治　选用多菌灵、甲基硫菌灵、多氧霉素、代森锰锌、异菌脲等农药防治各种不同病害；哒螨灵、四螨嗪、噻螨酮等防治叶螨类害虫；阿维菌素、吡虫啉、灭幼脲 3 号、杀铃脲、菊酯类、苏云金杆菌、苦参碱等防治各种不同害虫。此期防病药剂喷洒 2～3 次，防虫(重点是桃小食心虫)2 次即可，可根据不同果园病虫害种类和发生情况具体确定。

(二)主要病害及防治方法

1. 枣锈病　我国各大枣区均有发生，尤其以河南、河北、山东、安徽、陕西、江苏、湖南等枣区更为严重，是枣树主要病害之一。

(1)危害症状　该病主要侵害叶片，感病叶片初期叶片背面散生或聚生凸起的土黄色夏孢子堆，孢子堆大小不一，形态各异，多生在中脉两侧、叶尖和叶片基部。在叶片正面对着夏孢子堆的地方出现无规则淡绿色斑点,进而呈灰褐色角斑。感病后叶片发黄,形成离层,早期脱落,落叶先从树冠下部开始,逐渐向上蔓延,严重时叶片全部落光,严重影响枣树生长发育,只留瘦小绿果挂在枣吊上,后失水皱缩,不红即落。

(2)病原与发病规律 病原菌属真菌中的担子菌纲锈菌目栅锈菌科层锈菌属枣层锈菌,夏孢子呈球形或椭圆形,黄褐色,单细胞,孢子表面密生短刺。冬孢子为椭圆形或多角形,单细胞,表面光滑。病原菌主要以夏孢子堆在病落叶上越冬,病菌也可以多年生菌丝在病芽中越冬。病原菌夏孢子借风雨传播,该病的发生与空气湿度密切相关。7～8月份降水少于150毫米,发病就轻;降雨量达250毫米以上时,发病重;若降水量在350毫米以上则锈病将大流行。据调查,低洼地、水浇地、黏土地的枣林比沙岗地上的枣林发病早且重。

(3)防治方法 6月中下旬至7月下旬,在枣树内采用孢子捕捉法(用载玻片涂上凡士林,涂凡士林面向外,每两片为一组绳捆固定,悬挂在枣林间,每5天观察1次,统计孢子量),并结合7月份降雨预报,测报枣锈病的发生期和流行情况。一般上旬捕到夏孢子至下旬即有枣锈病发生。7月份降雨量大,枣锈病必然大流行。

①加强枣园冬季管理:清除落叶,并集中烧毁,以消灭越冬病原菌。

②化学防治:枣树发芽前,树体喷布3～5波美度石硫合剂。重病区在7月下旬、8月上旬各喷1次1:2:200倍量式波尔多液,或25%三唑酮可湿性粉剂2 000～2 500倍液,轻病区在8月上旬只喷1次上述任一种药剂即可收到较好的防效。

2. 枣焦叶病 该病分布较为广泛,尤其是河南新郑枣区发病最为严重。

(1)危害症状 叶片感病后,首先出现灰色斑点,周围淡黄色,

第七章 果实发育期管理(6～9月份)

局部叶绿素解体,进而病斑呈褐色,病斑中心组织坏死,最后病斑连续形成焦叶,呈黑褐色。枣吊感病后,中后部叶片由绿变黄,不枯即落。枣吊上有间断的皮层发褐色、坏死,多数枣吊由顶端叶片首先感病,并逐渐向下枯焦,重病树病吊率可达 60% 以上,远看像"火烧"一般,坐果率低,落果严重,有的甚至绝收,严重影响枣果的产量和质量。重病树在 9 月中下旬可能二次萌芽,导致树势衰弱。是枣树主要病害之一。

(2)**病原与发病规律** 病原菌属真菌中的半知菌亚门腔孢纲黑盘孢目。枣焦叶病的发生与流行同气温、空气湿度密切相关。据观察,在 5 月中旬,枣园平均温度 21℃、空气相对湿度 61% 时,越冬的病原菌开始危害新生枣吊;6 月中旬平均温度 25℃左右,枣园病叶上升至 1%;7 月份气温在 27℃左右,空气相对湿度 75%～80% 时,病原菌开始大流行,此时也是发病的高峰期。

一般情况下,天气干旱,土壤含水量低,土壤贫瘠则发病率高;水浇地、土壤肥沃的发病率低。枣树焦叶病病原菌是弱寄生菌,凡是树冠内枯枝、死枝较多,尤其受天牛为害重、树势较弱的发病率高且重;反之,树势较旺的发病率较低且轻。枣树品种不同,对焦叶病的抗性差异较大。鸡心枣最易感病,灰枣次之,九月青比较抗病。

(3)**防治方法**

①搞好枣园清洁:清除焦枝落叶或萌芽后剪除未萌发的枯枝,并集中焚烧,以减少传染源。

②加强枣树管理:增强树势,提高树体抗病能力。

③化学防治:发病期(6 月中旬至 7 月下旬),每隔 15 天喷 1 次,连喷 2～3 次 25% 叶枯唑胶悬剂 500 倍液、20% 抗枯宁水剂 500 倍液,即可有效控制病害的发生与流行。

3. 枣叶斑病 主要分布在山东、河南、湖南、浙江等枣区。

(1)**危害症状** 花期开始侵染,叶片感病后,出现灰褐色或褐

98

色圆形斑点,进而形成大的圆斑,多发生在主脉两侧或基部,病重时可导致叶片黄化早落,影响坐果。果实也可染病,果面初期出现灰褐色斑点,后期病斑融合变大。

(2)病原与发病规律 枣叶斑病有1～3种病原菌寄生,属真菌门半知菌亚门腔孢纲球壳孢目球壳孢科盾科霉属。该属孢子器黑色、球形、散生,表面有花纹,梗短,不分枝。分生孢子单孢,卵形或倒卵形,色暗。病原菌以分生孢子器在病叶上越冬,翌年在枣树生长期,分生孢子借风雨传播、侵染,多雨年份发病率较高。

(3)防治方法

①加强枣园管理:结合冬季管理,清除枯枝落叶,集中焚烧,消灭越冬病原。

②化学防治:枣树发芽前,树体喷布3～5波美度石硫合剂,枣树发病期(5月上旬至7月下旬),喷施80%代森锰锌可湿性粉剂1 000倍液,或12%松脂酸铜乳油700～800倍液1～3次,均可有效控制该病的发生。

(三)主要虫害及防治方法

1. 桃小食心虫 又名桃蛀果蛾、食心虫、钻心虫,属鳞翅目蛀果蛾科。在国内分布比较广泛,华北、华中、华东、西北、东北等地均有发生,尤其以华北和西北枣区为害最重,是枣树上最主要的害虫之一。

(1)为害症状 以幼虫蛀食枣果为害,幼虫蛀果后,从蛀果孔流出泪珠状果胶,不久干枯,随后伤口愈合形成褐色圆形斑点,斑点凹陷。越冬代害虫为害,造成大量落果,果实瘦小、无肉,晒干后枣农俗称"干丁枣"。第一代或第二代幼虫为害枣果,枣果一般不脱落,幼虫在果内潜食,排粪于果实内和枣核周围,俗称"豆沙馅",不堪食用,降低商品价值,造成严重损失。

(2)发生规律 1年发生1～3代,以2代为主,老熟幼虫在土中结冬茧越冬,翌年5月中旬至7月中旬出土。能否顺利出土则与5～6月份的降雨情况有密切关系。如有适当的降雨,则幼虫连续出土,5月底至6月初达到高峰;如果降雨,则在雨后出现出土高峰;如果长期缺雨干旱,则越冬幼虫会干死。据测定,土壤含水量在10%以上时,幼虫能顺利出土,在5%时仅一半幼虫能出土,低于3%则大部分幼虫干死。幼虫出土后,在树干基部土壤、石块下或草根旁作"夏茧"化蛹,蛹期9～15天,7月下旬至8月上旬初进入羽化盛期,羽化为成虫后,白天潜伏于树干、树叶及草丛等背阴处,日落开始活动,交尾产卵。卵多散产于果梗洼处,卵期7～10天。幼虫在果实内生活17天后老熟。第一代幼虫发生盛期7月下旬至8月上中旬。8月中下旬至9月上旬为第二代幼虫发生盛期,7月下旬至9月中下旬幼虫陆续老熟后脱果落地。越冬幼虫在果园内多集中树冠下距树干0.3～1米范围内的土里结冬茧越冬,冬茧在土中分布是愈接近地表密度越大,一般分布于0～10厘米土层内,以5厘米左右分布最多。

(3)防治方法

①保护和利用天敌:据调查,桃小食心虫的天敌有10多种,但控制作用较大的主要有2种寄生蜂和真菌。2种寄生蜂是甲腹茧蜂和齿腿姬蜂;寄生真菌是球孢白僵菌。

②农业防治:结合冬季挖树盘,翻动树干周围1米范围内的土壤,将冬茧翻到地表,以冻死越冬虫茧。

③性诱剂防治:6月中下旬,在枣园间悬挂人工合成桃小性诱剂诱芯,诱杀雄成虫,并具有干扰交尾作用。诱蛾发生高峰期过后7天左右是幼虫发生盛期,也是喷药防治的最佳时期。

④杀虫灯诱杀:在田间安装频振式杀虫灯,诱杀桃小食心虫雄成虫。

⑤化学防治:化学防治之前要做好预测预报工作。根据预测预报结果,5月下旬至7月上旬,在树冠下地表土壤中撒入5%辛

硫磷颗粒剂,每平方米6～7克,或喷洒48%毒死蜱乳油300～500倍液,用药后耙匀表层土壤。在桃小食心虫发生高峰期,树冠喷施25%灭幼脲3号可湿性粉剂1 000～1 500倍液,或4.5%高效氯氰菊酯乳油1 000～2 000倍液,均可取得较好防效。

2. 黄刺蛾　又名洋辣子、刺毛虫,属鳞翅目刺蛾科。在我国分布比较广泛,除贵州、西藏尚未见报道外,几乎遍及我国各个枣区,国外分布于日本、朝鲜等国。

(1)为害症状　以幼虫食叶为害,初龄幼虫群集叶背面食叶肉,留叶脉和上表皮,形成圆形透明的小斑,稍大将叶片吃成网状,随虫龄增大则分散取食,将叶片吃成缺刻、孔洞,甚至只留叶柄及三主脉,严重影响树势和枣的产量。

(2)发生规律　1年发生2代,均以老熟幼虫在树枝上结茧越冬,茧多附着于枣枝顶部或枝杈间。6月上中旬出现成虫,成虫多于夜间活动,趋光性不强,白天静伏叶背面。卵多产于叶背面,块产或散产,卵期7～10天。幼虫于7月上旬至8月中旬发生为害,初龄幼虫有群集性,多集中为害。第一代幼虫6月中旬孵化,7月份是为害盛期。第二代幼虫8月份是其为害盛期。其毒刺可分泌毒液。

(3)防治方法

①人工防治:结合冬季修剪和起苗,剪除树枝或枣苗上的越冬虫茧,以消灭越冬虫源。

②生物防治:保护利用天敌,黄刺蛾的天敌主要有上海青蜂、黑小蜂等。

③化学防治:喷洒4.5%高效氯氰菊酯乳油1 000～2 000倍液、25%灭幼脲3号可湿性粉剂1 500～2 000倍液,可取得较好防效。

3. 扁刺蛾　属鳞翅目刺蛾科。分布极广,在全国各枣产区均有分布。

(1)为害症状　其食性复杂,主要为害枣、梨、苹果、杏、海棠、桃、柿、柳、杨等果树和林木树,以幼虫食叶,把叶食成缺刻或孔洞,严重时吃成光杆,影响树势生长和发育。

(2)发生规律　在河北省1年发生1代,以幼虫在树下土内做茧越冬,翌年5月中旬化蛹,6月上旬开始羽化为成虫,发生期不整齐,6月中旬至8月中旬均可见初孵幼虫,8月份为害最重,8月下旬陆续老熟入土结茧越冬。

(3)防治方法　一是利用幼虫下树入土做茧越冬的习性,在下树前疏松干周土壤,诱集幼虫结茧而后挖筛茧消灭。二是幼虫发生期,选用80%敌敌畏乳油1 200倍液,或20%氰戊菊酯乳油1 500～2 000倍液,或2.5%溴氰菊酯乳油1 500～2 000液,或25%灭幼脲3号可湿性粉剂2 000～2 500倍液,或35%硫丹乳油1 500～2 000倍液等药剂进行防治。

4. 中国绿刺蛾　属鳞翅目刺蛾科,分布于东北、华北、华东等地区。其食性复杂。

(1)为害症状　主要为害梨、苹果、杏、海棠、桃、枣、柿等果树,以幼虫食叶,初龄幼虫啮食叶肉,被害叶成网状,幼虫长大后把叶食成缺刻,严重时将叶片吃光,致使秋季二次发芽,影响树势和生长发育。

(2)发生规律　在我国北方1年发生1代。以蛹在枝干上的茧内越冬,5月间陆续化蛹。成虫发生于6～7月份,成虫昼伏夜出。有趋光性。卵多产于叶背中部主脉附近。幼虫于7～8月份造成为害,低龄幼虫有群集为害性,8月份陆续老熟后在树枝上结茧越冬。

(3)防治方法　一是秋冬季摘虫茧,放入纱网内,网孔以黄蛾成虫不能逃避为准,保护和引放寄生蜂。二是幼虫群集为害时,摘除虫叶,消灭幼虫。三是在成虫发生期,利用灯光诱杀成虫。四是幼虫发生期,选用20%氰戊菊酯乳油1 500～2 000倍液,或2.5%

溴氰菊酯乳油1 500～2 000 倍液,或 25％灭幼脲 3 号可湿性粉剂
2 000～2 500 倍液,或 20％除虫脲可湿性粉剂 4 000～6 000 倍液
等药剂进行防治。

5. 舟形毛虫 属鳞翅目舟蛾科。在北方各枣产区均可发生。

(1)为害症状 以幼虫为害枣、梨、苹果、桃、杏、李、山楂、核桃
等多种果树和林木。初孵幼虫常群集为害,啃食叶肉,仅留下表皮
和叶脉呈网状,稍大后把叶食成缺刻或仅留叶柄,严重时把叶片吃
光,致使被害枝秋季萌发,造成二次开花。

(2)发生规律 1 年发生 1 代,以蛹在树冠下的土中越冬,翌
年 7～8 月份羽化为成虫,盛期在 7 月中下旬。成虫白天不活动,
夜间交尾产卵。卵多产于树体东北面的中下部枝条的叶背,卵期
约 7 天,初孵幼虫多群集叶背,由叶缘向内取食,遇惊扰或振动时,
成群吐丝下垂。老熟幼虫白天不取食,常头尾翘起,似舟状静止,
故称为舟形毛虫。幼虫老熟后沿树干爬下入土化蛹越冬。

(2)防治方法 一是结合果园翻耕或刨树盘,把蛹翻到土表,
或人工挖蛹。二是在初孵幼虫分散前,及时剪除有幼虫群居的枝
条。三是利用该虫吐丝下坠习性,人工振落杀死幼虫。四是在 7
月中下旬卵发生期,释放卵寄生蜂灭卵。五是在幼虫发生期进行
化学防治,可选用 20％氰戊菊酯乳油 1 500～2 000 倍液,或 2.5％
溴氰菊酯乳油 1 500～2 000 倍液,或苏云金杆菌乳剂 800 倍液,或
25％灭幼脲 3 号可湿性粉剂 2 000 倍液,或白僵菌粉剂 800～1 000
倍液。

6. 枣瘿螨 又名枣壁虱、枣叶壁虱、枣锈壁虱。在我国分布
比较广泛,尤其以河南、河北、山西、山东、甘肃、宁夏、安徽、浙江等
枣区为害最严重,是枣树叶部主要害虫之一。

(1)为害症状 以成虫、若虫为害叶片、花蕾、花及果实。花蕾
及花受害后,逐渐变褐,干枯凋落。果实受害后,一般多在梗洼和
果肩部,被害处呈银灰色锈斑,或形成褐色"虎皮枣",即果皮粗糙

不平,是枣壁虱为害后留下的微伤口愈合组织。轻者影响果实正常发育,重者可导致枣果凋萎脱落。枣叶被害后,叶片基部和沿叶脉部位首先出现轻度灰白色,光合速率明显降低,光合产物减少,严重时,叶缘枯焦脱落。严重影响树体的生长和枣果的发育。

(2)发生规律　该虫世代因地理位置不同差异较大,在河南新郑枣区,1年发生8～10代,而在山西晋中地区,1年发生3～4代,世代极不整齐。以成螨或若螨在枣股鳞片或枣枝皮缝中越冬。翌年4月中下旬枣芽萌发时,越冬螨开始出蛰活动,为害嫩芽,展叶时多群居于叶背基部或主脉两侧刺吸叶液。虫口密度大时,分散布满整个叶片、花蕾、花和幼果,尤其是枣头顶端生长点更为严重。5月下旬、6月上中旬、6月下旬、7月上中旬均为该虫为害高峰期。

(3)防治方法

①预测预报:5月中旬,在枣林中选具代表性的样株,从不同方位采摘一定数量的枣头或嫩叶,用15倍或20倍的放大镜,调查统计枣叶螨数量,每3～5天调查1次。当每片枣叶平均有螨0.5头以上时,应抓紧及时防治。

②人工防治:结合枣树冬季管理,刮除老翘树皮,并集中烧毁,以消灭越冬虫源。

③化学防治:枣树发芽前,喷5波美度石硫合剂,对枣股中越冬螨有一定的控制作用。5月下旬,根据虫情测报,当每片叶平均螨量在0.5头以上时,喷施50%硫悬浮剂300～500倍液,或阿维菌素1 000～2 000倍液,可控制该虫为害。虫口密度大的枣树可连喷2～3次,每隔10～15天喷1次。

7. 山楂叶螨

(1)为害症状　山楂叶螨是果树上最主要的害虫之一,以各种虫态在叶片背面刺吸为害。被害叶片初期叶面出现失绿斑点,后逐渐连成片,最后全叶焦枯并脱落。虫量大、为害严重时,8月份叶片就大部分脱落,甚至二次开花,影响当年产量,更重要的是造成树势衰弱,影响翌年以及以后几年的产量,并由于树势衰弱还易引起树皮腐烂病的发生。

(2)发生规律　山楂叶螨在北方枣产区1年发生6～9代,在陕西枣区最多可发生10代。以受精雌成螨在树干翘皮下、粗皮缝隙内及靠近树干基部的土块缝里越冬。越冬雌成螨于翌年春天果树花芽膨大时,开始出蛰上树,待芽开绽时即转到芽上为害,展叶后即转到叶片上为害。整个出蛰期长达40天左右。出蛰雌成螨为害7～8天后就开始产卵,在盛花期前后为产卵盛期。卵期8～10天,落花后10～15天是第一代卵孵化盛期。第二代以后,世代重叠,随气温升高,发育加快,螨口密度逐渐上升。从5月下旬起种群数量剧增,逐渐向树冠外围扩散为害。6月中旬至7月中旬是发生为害高峰期。7月下旬以后由于高温、高湿,螨口密度明显下降,越冬雌成螨也随之出现,9～10月份大量出现越冬雌成螨。山楂叶螨不活泼,常以小群体在叶背面为害,吐丝结网,卵多产在叶背主脉两侧及丝网上。雌成螨可行孤雌生殖。每雌成虫产卵60～90粒。早春成虫多集中在内膛枝为害,第一代成螨以后渐向树冠外围扩散为害。一般高温干旱年份易大发生,降雨多的年份发生轻。

(3)防治方法

①人工防治:成龄树早春结合防治其他病虫刮除主干和主枝上的粗皮,并集中处理,消灭越冬雌成螨。越冬前(8月下旬)树干绑草把诱集越冬雌成螨,发芽前解下烧掉。保护利用天敌,捕食叶螨的天敌主要有食螨瓢虫类、花蝽类、蓟马类、隐翅甲类和捕食螨类等几十种,这对控制叶螨种群数量消长起到了重要作用。因此,果园用药要尽量选用对天敌影响较小的农药品种。

②化学防治:根据物候期抓住关键期进行防治。防治指标(平均单叶活动螨数)为6月份以前4～5头,7月份以后7～8头。可选用1.8%阿维菌素乳油4 000～5 000倍液,或15%哒螨灵乳油

1 500～2 000 倍液,或 5％氟虫脲乳油 1 000 倍液,或 20％四螨嗪悬浮剂 2 000～3 000 倍液,或 5％噻螨酮乳油或 25％三唑锡可湿性粉剂或 73％炔螨特乳油 2 000 倍液。7～8 月份还可用 20％甲氰菊酯乳油或 2.5％高效氯氟氰菊酯乳油 3 000 倍液防治桃小食心虫时,兼治山楂叶螨。

8. 柞蝉　又名黑蝉、知了,属同翅目蝉科。该虫主要分布于山东、山西、河南、河北、陕西、云南、安徽、江苏、浙江、四川、福建、湖南、贵州、广东、台湾等地,尤其以黄河故道地区虫口密度最大,是枣树枝干主要害虫之一。

(1)为害症状　该虫对枣树的为害有 3 种方式,一是以若虫在地下吸食枣树根部汁液。二是以成虫刺吸枣树枝条枣果汁液。三是在产卵时刺伤枝条表皮,造成枝条失水、枯死。

(2)发生规律　该虫 4 年发生 1 代,若虫期较长,以卵在树枝表皮或以若虫在土壤中越冬,卵在翌年 6 月份孵化,若虫入土取食植物根部汁液,直至发育成熟。6～7 月份,傍晚时分出土,当晚蜕皮羽化为成虫。刺吸嫩枝、果实汁液。成虫善飞,有趋光性,寿命60 天左右。7 月下旬至 8 月上旬为交尾产卵盛期,也是为害的高峰期。雌虫穴产卵于新生枣头,并连续多处切断韧皮筛管,导致卵穴上部枝条枯死。

(3)防治方法

①人工防治:枣果采收前,人工剪掉已枯凋的蝉卵枝,并集中焚烧卵或雨后人工捕杀出土的若虫。

②物理防治:成虫发生期,夜间在枣林间点火,同时摇树,成虫即飞入火中烧死,也可用黑光灯诱杀。

③化学防治:结合防治桃小食心虫,同时兼治柞蝉。

9. 蟪蛄　又名斑蝉、褐斑蝉,属同翅目蝉科。在全国各省均有分布,北方果产区普遍发生。

(1)为害症状　为害枣、梨、苹果、桃、杏、山楂等果树及部分林

106

木树种。此虫为害主要是以成虫产卵于枝条上,造成当年生枝条死亡,对扩大树冠、形成花芽影响很大。

(2)发生规律 约数年发生1代,以若虫在土中越冬,但每年均有1次成虫发生。若虫在土中生活数年,每年5~6月份若虫在落日后出土,爬到树干或树干基部的树枝上蜕皮,羽化为成虫。刚蜕皮的成虫是黄白色,经数小时后变为黑绿色,不久雄虫即可鸣叫。成虫有趋光性,6~7月份成虫产卵,产卵枝因伤口失水而枯死,当年卵孵化为若虫落地入土,吸食根部汁液。

(3)防治方法 一是剪虫枝消灭卵,可结合管理在冬春修剪时进行。二是老熟若虫出土羽化时,早晚捕捉出土若虫和刚羽化的成虫,可供食用。三是利用其趋光性,在无月亮的黑天空地上燃篝火振树捕蝉。四是在干基部附近地面喷残效期长的高浓度触杀剂,毒杀出土若虫。

10. 棉铃虫 又名棉铃实夜蛾、钻心虫,属鳞翅目夜蛾科。分布于全国各地,为杂食性害虫,近几年才转主为害枣树。

(1)为害症状 以幼虫为害枣果果核,将枣幼果钻蛀形成大的孔洞,引起枣果脱落,严重影响红枣产量。

(2)发生规律 每年发生代数各地不一,内蒙古、新疆1年发生3代,华北地区1年发生4代,长江流域及其以南1年发生5~7代,均以蛹在土中越冬。华北地区翌年4月中下旬开始羽化,5月上中旬为羽化盛期,黄河流域各代幼虫发生期分别为5月中旬至6月上旬、6月下旬至7月上旬、7月下旬至8月上旬、8月下旬至9月中旬,卵散产于嫩叶及果实上,成虫昼伏夜出,对黑光灯、萎蔫的杨柳枝有强烈趋性,低龄食嫩叶,幼虫三龄后开始蛀果,蛀孔较大,外面常留有虫粪。

(3)防治方法

①农业防治:枣林不间作或附近不种植棉花等棉铃虫易产卵的作物。

②物理防治:在成虫发生高峰期,利用黑光灯、杨柳枝诱杀成虫。

③化学防治:根据虫情测报,从卵孵化盛期至二龄幼虫蛀果前,可喷施 4.5%高效氯氰菊酯乳油 1 000～2 000 倍液进行防治,注意和其他农药交替使用,以减缓棉铃虫抗性。

④生物防治:用苏云金芽孢杆菌制剂或棉铃虫核型多角体病毒稀释液喷雾,均有较好的防效。

⑤保护和利用天敌:棉铃虫的天敌主要有姬蜂、跳小蜂、胡蜂,还有多种鸟类等。

11. 金毛虫　又名桑毒蛾、黄尾毒蛾、黄尾白毒蛾等,属鳞翅目毒蛾科。分布在全国多数枣产区,为害枣、桃、杏、苹果、石榴、樱桃、山楂等果树的芽、叶片和嫩果皮。

(1)为害症状　初孵幼虫群集叶背取食叶肉,仅留透明的上表皮。稍大后分散为害,将叶片吃成大的缺刻,重者仅剩叶脉,并啃食嫩果皮。

(2)发生规律　1 年发生 2～6 代,以幼虫结灰白色薄茧在枯叶、树杈、树干缝隙及落叶中越冬。翌年 4 月份开始为害春芽及叶片。1～3 代幼虫为害高峰期主要在 6 月中旬、8 月上中旬和 9 月上中旬,10 月上旬前后开始结茧越冬。成虫昼伏夜出,产卵于叶背,形成长条形卵块,卵期 4～7 天。每代幼虫历期 20～37 天。幼虫有假死性。

(3)防治方法　一是农业防治,冬春季刮刷老树皮,清除园内外枯叶、杂草,消灭越冬幼虫。在低龄幼虫集中为害时,摘叶灭虫。二是在二龄幼虫高峰期,喷洒每毫升含 15 000 颗粒的多角体病毒悬浮液,每公顷喷 300 升。三是化学防治,幼虫分散为害前,及时喷洒 20%氰戊菊酯乳油 3 000 倍液,或 10%联苯菊酯乳油 4 000 倍液。

12. 美国白蛾

(1)为害症状　主要以幼虫为害叶片,低龄幼虫吐丝结网,常数百头幼虫群集网内食尽叶肉,仅留表皮,有的也可将叶片吃光。五龄以后幼虫分散为害,严重时可将全树叶片吃光。吐丝结的网幕,多分布在枝杈间。

(2)发生规律　1年发生2代。以蛹在枯枝落叶、表土层、墙缝等处越冬。在华北地区越冬代成虫于5月下旬始见,盛期在6月上中旬,末期在6月下旬。第一代成虫产卵盛期在6月上中旬,孵化盛期在6月中下旬,幼虫期在6月中旬至8月上旬。第二代成虫产卵期在7月上旬至8月上旬,幼虫发生期在7月下旬至9月下旬。8月下旬第二代幼虫开始老熟、化蛹越冬。每雌成虫产卵数百粒,最高可达2 000粒。卵多产在树冠外围叶片背面,形成卵块。幼虫孵化后,吐丝拉网形成网幕,一至四龄群居为害,随着幼虫的生长发育,网幕不断扩大,或分散成数个小群体为害。五龄后幼虫分散到整个树体为害。幼虫有转移为害习性。幼虫老熟后沿树干下爬,在树干的老皮下、枯枝落叶及土壤中化蛹越冬。

(3)防治方法

①检疫:严格植物检疫制度,不从疫区调运苗木、水果等。

②人工防治:清除果园杂草、落叶、砖石,破坏其越冬场所。及时清除卵块及幼虫网幕,集中杀死。幼虫近老熟时,在树干近地面1米处束草把,诱集幼虫化蛹,集中消灭。保护利用天敌。

③化学防治:在幼虫为害期,选用25%灭幼脲3号悬浮剂1 500倍液,或20%除虫脲悬浮剂4 000~6 000倍液,或1.8%阿维菌素乳油4 000~5 000倍液,或2.5%高效氯氟氰菊酯或20%氰戊菊酯乳油2 000倍液,或50%敌敌畏乳油1 500倍液等防治。

四、果实发育中后期病虫害防治

(一)防治技术规范

1. 病虫害发生的主要特征　此期枣果实糖分转化,细胞间隙变大,果实变为酥脆。遇雨易裂果,是果实病害最重的时期。这个时期的主要病害有枣轮纹病、枣炭疽病、枣缩果病、枣褐腐病和枣煤污病等。主要害虫有桃小食心虫、卷叶蛾、舟形毛虫、大青叶蝉、美国白蛾、梨花网蝽、蝉类和刺蛾类等。

2. 防治技术规范

(1)人工防治　及时摘除病虫果、叶,捡拾落地病虫果;振树捕杀金龟子、舟形毛虫等;灯光诱杀金龟子、蝉类、蛾类等趋光性害虫;糖醋液诱杀桃小食心虫、白星花金龟子等趋化性害虫。

(2)化学防治　选用多菌灵、甲基硫菌灵、多氧霉素、代森锰锌等农药防治病害;提高好果率;增加产值;选用阿维菌素、吡虫啉、灭幼脲3号、杀铃脲、菊酯类、苏云金杆菌、苦参碱等防治各种不同害虫。

(二)主要病害及防治方法

1. 枣缩果病　又名枣铁皮病、干腰缩果病、雾掠、雾抄、黑腐病、雾落头、褐腐病等,是枣树上目前最重要的果实病害。在河南、河北、山东、陕西、山西、安徽、甘肃、辽宁等枣区均有大面积发生。

(1)危害症状　枣果感病后,初期在果肩部或腰部出现淡黄色斑点,进而呈淡黄色水渍状斑块,边缘不清,后期病斑呈暗红色,失去光泽。病果果肉由淡绿色转为土黄色,果实大量脱水,组织萎缩松软,呈海绵状坏死,进而果柄形成离层,果实提前脱落。病果瘦缩、味苦。

（2）病原与发病规律　河北农业大学（1996）认为枣铁皮病为细交链孢、毁灭茎点霉和壳梭孢属的 3 种真菌单独或复合侵染引起的真菌性病害；也有认为是细菌侵染，目前对该病病原没有统一认识。病原在落果、落吊、落叶、枣股及其他枝条、树皮等部位可越冬，6 月下旬至 7 月上旬侵染果实，8 月下旬至 9 月下旬条件适宜时大量发病。一般果实白熟期出现症状，着色期（枣肉糖分在 18% 以上，pH 值 5.5～6 时）是发病高峰期。该病与降雨关系密切，高温、高湿、阴雨连绵或夜雨昼晴，有利于此病流行，空气湿度大的大雾天气等也适合发病。

（3）防治方法

①加强枣树管理：增强树势，提高树体抗病能力。

②搞好果园清洁：早春刮树皮，清扫落叶、落果等，集中深埋或烧毁，减少越冬病原。

③化学防治：枣树发芽前，树体喷布 3～5 波美度石硫合剂。从幼果期开始每隔 15 天，交替喷布 50% 多菌灵可湿性粉剂 800 倍液、或 70% 代森锰锌可湿性粉剂 1 000 倍液，农用链霉素片剂 4 000 倍液。

④其他：避雨栽培可大大降低该病的发病率。

2. 枣炭疽病　分布于河南、山东、河北、陕西、山西等枣区，多为零星发病，多与枣轮纹病、枣缩果病混合寄生。枣炭疽病单独难以形成大面积灾害。

（1）危害症状　枣果感病初期，在果肩或果腰出现褐色斑点，进而斑点扩大，呈黑色斑。斑外有淡黄色晕环，最后斑块中间产生圆形凹陷变褐，组织坏死，湿度大时病斑表面产生红褐色黏性物质，最后变为小黑点。非感病区可正常着色。枣果感病后，生长量小，果肉糖分低，品质差，果肉味苦。枣炭疽病也可侵染枝干和叶片，枝干受害严重时干枯，叶面则形成不规则枯斑。

（2）病原与发病规律　病原菌属真菌门半知菌亚门腔胞纲黑

盘胞目黑盘科盘长胞属的果生盘胞菌。该病病原可在病僵果、枣股、残留枣吊及枣头上越冬。病原经风雨传播,侵染后不立即表现症状,潜伏期的长短与气候条件有关。病原菌生长适温 22℃～28℃,孢子萌发需空气相对湿度在 90％以上,病菌在生长季节可多次侵染。雨季早、雨量多、多雾或阴雨绵绵,发病早且重。

(3)防治方法

①搞好果园清洁:清扫枣园中枯枝、落叶、烂枣,并集中烧毁或掩埋,以减少越冬病原。

②加强枣园管理:增强树势,提高树体抗病能力。

③化学防治:结合防治枣锈病,7 月下旬喷布波尔多液兼防炭疽病菌侵染枣果。8 月上旬至 9 月初喷施 12％松脂酸铜乳油700～800 倍液,或 50％多菌灵可湿性粉剂 800 倍液。

3. 枣裂果病　生理病害,由环境条件不良引起。

(1)**危害症状**　果实将近成熟时,果面裂缝,果肉稍外露,裂果处腐烂变酸,易染病,不堪食用。丧失商品价值,严重影响枣生产。

(2)**病因与发病规律**　生理病害,由环境条件不良引起。主要发生在白熟期后,在果实接近成熟时,果皮变薄,果肉疏松,加之土壤水分供应不均衡,如遇连日阴雨后突然转晴,容易引起裂果。此外,也可能与缺钙有关。果实开裂易引起病原菌侵入,导致果实腐烂变质。

(3)**防治方法**　一是合理修剪,使果树枝组疏密有度,果园通风、透光良好,有利于雨后枣果表面迅速干燥,减少发病。二是适时灌排水,使果园土壤供水均衡。三是从 7 月下旬开始结合病虫害防治,每隔 10～20 天喷 1 次 0.03％氯化钙溶液,直到采收,可有效缓解裂果的发生。四是避雨栽培可大大降低裂果的发生。

五、主要虫害及防治方法

1. 大青叶蝉 又名大绿浮尘子、背叶蝉、大绿叶蝉等,属同翅目叶蝉科。在全国各地均有发生。

(1)**为害症状** 为害梨、苹果、桃、核桃、枣、柿等多种果树、蔬菜和林木树。以成虫和若虫刺吸枝叶的汁液,影响生长,削弱树势,在北方特别是产越冬卵于果树枝条皮下,刺破表皮致使枝条失水。常引起冬春抽条和幼树枯死,是苗木和幼树的重要害虫。

(2)**发生规律** 在北方1年发生3代,以卵在果树枝条皮层内越冬,春季果树萌芽时孵化为若虫,于杂草、农作物及蔬菜上为害,第一代成虫发生于5月下旬,7~8月份为第二代成虫发生期,9~11月份出现第三代成虫,各代重叠发生。10月中旬逐渐转移到果树上产卵,10月份为产卵盛期,并以卵越冬。

(3)**防治方法** 一是夏季夜晚灯光诱杀成虫。二是幼树园和苗圃地附近最好不种秋菜,或在适当位置种秋菜诱杀成虫,杜绝上树产卵。三是1~2年生幼树,在成虫产越冬卵前用塑料薄膜袋套住树干,或用涂白剂进行树干涂白,阻止成虫产卵。四是若虫发生期喷药防治,可选用20%氰戊菊酯乳油、2.5%高效氯氟氰菊酯乳油、5%溴氰菊酯乳油等菊酯类1 500~2 000倍液。

2. 茶翅蝽 又名臭蝽象、臭板虫、臭妮子等,属半翅目蝽科。在东北、华北、华东和西北地区均有分布。

(1)**为害症状** 以成虫和若虫为害枣、梨、苹果、桃、杏、李等果树及部分林木和农作物,近年来为害日趋严重。叶和梢被害后症状不明显,果实被害后被害处木栓化、变硬,发育停止而下陷,果肉变褐成硬核,受害处果肉微苦,严重时形成畸形果,失去经济价值。

(2)**发生规律** 此虫在北方1年发生1代,在河北省中南部1年发生1~2代,以成虫在果园附近建筑物上的缝隙、树洞、土缝、

第七章 果实发育期管理（6～9月份）

石缝等处越冬,在北方果区一般5月上旬开始出蛰活动,6月份始产卵于叶背,卵多集中成块,以28粒居多。6月中下旬孵化为若虫,8月中旬为成虫盛期,8月下旬开始寻找越冬场所,到10月上旬达入蛰高峰。上年越冬成虫在6月上旬以前产卵,至8月初以前羽化为成虫,可继续产卵,经过若虫阶段,再羽化为成虫越冬,1年发生2代。

（3）防治方法 一是在成虫越冬前和出蛰期在墙面上爬行停留时进行人工捕杀。二是在成虫越冬期,将果园附近空屋密封,用"741"烟雾剂或25%对硫磷微胶囊加3倍的锯末进行熏杀。三是成虫产卵期,查找卵块摘除。四是实行有袋栽培,自幼果期进行套袋,防止其为害。五是若虫发生期喷药防治,用2.5%高效氯氟氰菊酯乳油、20%氰戊菊酯乳油、2.5%溴氰菊酯乳油1 500～2 000倍液,连喷2～3次,均能取得较好的防治效果。

3. 黄斑蝽 又名麻皮蝽、黄霜蝽等,属半翅目蝽科。在东北、华北、华东、西北等地区均有分布。

（1）为害症状 以成虫和若虫为害枣、梨、苹果、桃、杏、李等果树及部分林木和农作物。叶和梢被害后症状不明显,果实被害后被害处木栓化、变硬,发育停止而下陷,果肉变褐成硬核,受害处果肉微苦,严重时形成畸形果,失去经济价值。

（2）发生规律 此虫在北方1年发生1代,以成虫在果园及附近建筑物上的缝隙、树洞、土缝、石缝等处越冬,在北方果区一般从4月份开始出蛰,盛期在5月中下旬,6月份开始产卵于叶背。卵多集中成块,以12粒居多,6月中下旬孵化为若虫,8月中旬为羽化成虫盛期,8月下旬开始寻找越冬场所,到9月中旬达入蛰高峰。

（3）防治方法 一是在成虫越冬前和出蛰期在墙面上爬行停留时进行人工捕杀。二是在成虫越冬期,将果园附近空屋密封,用"741"烟雾剂或25%对硫磷微胶囊加3倍的锯末点燃进行熏杀。

三是在成虫产卵期,查找卵块摘除。四是实行有袋栽培,自幼果期进行套袋,防止其为害。五是若虫发生期,喷药防治,可选用5％高效氯氟氰菊酯乳油、20％氰戊菊酯乳油、2.5％溴氰菊酯乳油1 500~2 000倍液,连喷2~3次,均能取得较好的防治效果。

六、高接树管理

高接树的地下管理同其他枣园相同,树上因嫁接接穗发芽较晚,其他芽发芽早,应及时除萌蘖,有利于接芽发芽。当枝条长至15厘米以上时,应及时立支棍,支棍应与枝条相对,上下绑2道,防止被风刮折,这是高接能否成功的关键。要加强病虫害防治,特别是食叶害虫。

七、苗圃地管理

砧木嫁接后,要经常中耕锄草,接穗发芽晚,砧木萌发的萌蘖要及时抹除,一般要进行2~3次。苗高20厘米时要进行追肥灌水,促进苗木生长。

八、酸枣改接大枣后管理

(一)补 接

嫁接后10天左右检查是否成活。凡穗体皮色鲜亮芽萌动者为成活,皮色发褐者为未成活,应进行补接。

(二)除 绑

当新梢长至40厘米高时,可在接口的背面纵划一刀,勿伤皮层,解除塑料条,以免影响梢的正常生长。

(三)摘 心

当新梢长至60～80厘米高时进行摘心,促发二次枝,加速成形。

(四)除 萌

生长期应随时除去砧木的萌蘖,防止消耗养分,促进接穗生长。

(五)及时防治虫害

1. 枣尺蠖 又名枣步曲,4月中旬至5月份以幼虫为害枣树嫩芽、叶片,影响幼树的生长。幼虫为害时可喷2.5%溴氰菊酯乳油2 000倍液。

2. 枣黏虫 俗称贴叶虫、包叶虫,幼虫吐白丝将叶片黏贴一起,隐藏在其中为害,严重时能将叶片吃光。幼虫从4月份开始为害,以后田间不断发生,其中7月份发生量最大。可叶面喷布50%辛硫磷乳油1 200～1 500倍液,或90%晶体敌百虫800～1 000倍液。

(六)叶面喷肥

新梢长20厘米时,每隔15天叶面喷1次0.3%尿素溶液,促进幼树新梢旺盛生长。

第八章　果实采收及采后管理
（9～11月份）

一、果实采收

(一)枣果的成熟期

根据果皮颜色、果肉质地和营养成分等的变化情况,枣果成熟过程可划分为 3 个阶段,即白熟期、脆熟期和完熟期。

1. 白熟期　果实发育基本上达到了品种固有形状,果皮薄,有光泽,其细胞中的叶绿素消退减色,由绿色转至绿白色或乳白色,果实肉质较疏松,汁液较少,含糖量低。此期是加工蜜枣的采收期。

2. 脆熟期　果实向阳面逐渐出现红晕,果皮自梗洼、果肩开始着色,果皮增厚。果实内的淀粉开始转化,有机酸下降,含糖量增加,果肉质地由致密变疏松、酥脆,果汁增多,果肉呈绿色或乳白色,体现出品种特有的风味,此时是最佳食用期,也是鲜食枣的最适采摘期。

3. 完熟期　脆熟期之后果实进一步成熟,进入完熟期,此期果皮色泽进一步加深,并出现微皱,养分继续积累,含糖量增加,水分含量和维生素 C 的含量下降,果肉开始变软,近果柄端开始转黄,果实开始自然落地。此时是制干品种的采收期。

(二)枣果采收期

枣果的成熟程度涉及枣果的形状、色泽、营养和风味变化,不同用途的枣果有其不同的采收期。加工蜜枣在白熟期采收,此期枣果已基本发育到固有大小,肉质疏松,糖煮时容易充分吸糖且不会出现皮肉分离,制成品黄橙晶亮,半透明琥珀色,品质最佳。鲜食和加工乌枣、南枣、醉枣用的,在脆熟期采收,此期枣果色泽鲜红、甘甜微酸、松脆多汁,鲜食品质最好,加工乌枣、南枣,能获得皮纹细、肉质紧的上等佳品。加工醉枣,能保持良好的风味,还可防止过熟破伤引起的烂枣。制干的枣果,以完熟期采收最佳,此期枣果已充分成熟,营养丰富,含水量少,不但制干率高,而且制成的红枣色泽光亮、果形饱满、富有弹性、品质最好。

根据枣果的用途、特性及采收时的天气状况,进行适时采收尤为重要。过分早采(抢青)或晚采都会严重影响枣果的商品质量。对于鲜食品种,过早采收的果实果皮尚未转红,果肉中的淀粉尚未充分转化为糖,汁少味淡,质地发木,外观和内在品质表现较差;而过晚采收果实将失去酥脆感,且不易贮存。对于制干品种,过早采收不但导致干枣果肉薄、皮色浅、营养含量低、风味差,而且制干率也低,影响产量和效益,过晚采收还会出现大量落果,并易造成浆烂。对于采前落果严重的品种,可适当早采。对于不易裂果和采前落果轻的制干品种,可尽量晚采。对于遇雨易裂果的品种,可根据天气预报情况,适当提前采收。

(三)采收方法

1. 人工采摘 主要适用于鲜食枣、加工乌枣、南枣、醉枣等的枣果采收。虽然用工多,但可保证鲜枣不受损伤,有利于长期贮藏和加工。

2. 振落捡拾 主要适用于制干枣果的采收。一般是用竹竿或木棍振荡枣枝,在树下撑(铺)布单或塑料膜接枣,以减少枣果破损和节省捡枣用工。采用此法采收,应注意保护树体。每年的振动部位应相对固定,以尽量减少伤疤,尤其要避免"对口疤"。另外,下杆的方向不能对着大枝延长的方向,以免打断侧枝。

3. 化学采收 主要适用于制干枣果的采收。方法是在拟采收前的5~7天,全树均匀喷洒200毫克/升乙烯利溶液,一般喷后第二天即可见效,第四天进入落果高峰。喷后5~6天时,轻轻振动枝干,枣果即可全部落地。此法较人工振落采收可提高工效10倍左右,提高制干品质,并可避免损伤树体和枝叶,值得推广。乙烯利对叶片老化和脱落过程也有促进作用,尤其是一些品种催落果实的浓度接近于催落叶片的浓度,当乙烯利喷施浓度高于300~400毫克/升时,会引起大量落叶。故此,生产上大量推广时应先进行小型试验,以确定适合当地品种的最佳浓度。另外,喷施乙烯利后使果柄形成离层而堵塞树体向果实输送水分和养分的通道,导致果实含水量逐渐下降,果肉变软失脆,影响鲜食品质,因而对于鲜食品种不宜采取化学采收。

二、果实贮藏

(一)鲜食枣贮藏

鲜枣贮藏可采用冷藏库或气调库贮存,枣果入库前,需对贮藏库进行消毒、降温。具体的消毒方法有二氧化硫熏蒸,每50米³空间用硫磺1.5千克加适量锯末点燃熏烟灭菌,密闭48小时后通风。也可用福尔马林喷雾,40%甲醛和水的比例为1:40喷洒库体各墙面,密闭24小时后通风。冷藏库内空气温度一般应控制在-3℃~0℃,鲜食枣果面温度应控制在-2℃~0℃,鲜食枣果面周围的空气相对湿度控制在95%以上,库内空气相对湿度应控制在80%以上。

气调贮藏库内最大温度范围为-3℃~-1℃,最适范围-2.5℃~-1.5℃,鲜食枣果面周围空气相对湿度控制在

95%～98%，库内空气相对湿度应控制在 80% 以上，库内氧气指标13%～15%，二氧化碳指标 0.2%～1%。

由于不同品种在贮存时各指标存在一定的差异，在实践中掌握各品种的适宜指标。库内管理要求堆码整齐、轻入轻出、快入快出，防止重压，严禁与有毒、有害、有异味物品混存。

（二）干枣贮藏

1. 枣制干　枣制干就是将完熟期的枣采后脱水，使枣含水量低于 25%～28%，达到入库标准，以保证干枣在存放、运输和销售过程中保持枣果优良的品质。枣制干方法有自然制干和烘干法。自然制干是利用太阳光自然晾晒制干枣。具体操作是选择空旷宽敞的场地作晒场，用砖或秸秆作铺架，间隔 30 厘米，高 20 厘米，其上铺苇席，在苇席上摊枣 6～10 厘米厚，白天每隔 1 小时翻动 1 次，夜间则将枣收集用塑料薄膜覆盖以防返潮，如此反复，经过 10～20 天，用手握枣不发软即枣果含水量达 25%～28% 时即可，分级包装。此方法环保节能，能保持枣果特有风味，但枣果易受污染，干制时间长，占地面积大，受阴雨天影响严重。烘干法就是用烘房将枣果制干。烘干需经过清洗、分级、装盘、烘烤。此方法干制时间短，一般 3～5 天，且不受阴雨天影响，商品率高。

2. 干枣贮藏　库房应保持凉爽干燥，具有良好的通风条件，贮藏前应对库房进行灭菌（参照鲜食枣贮藏库消毒）。库房温度控制在 25℃ 以下，空气相对湿度为 55%～70%，当贮藏红枣的库内温湿度高于规定范围时，可结合库外自然风力、风向进行通风换气。长期贮存的红枣，应定期上下翻倒，变换红枣停贮位置，一般地区 3～5 个月倒垛 1 次，暖湿地区每月倒垛 1 次。当红枣有软潮现象时，立刻检测红枣含水率，若含水率超标，应及时采取晾晒和吸湿措施。贮藏期限以不影响红枣质量标准为限，一般贮藏 8 个月。在贮藏库中禁止与有毒、有污染和易潮解、易串味的商品混存。

三、果实分级

枣果采收后,要按照枣果的分级要求进行挑选。在地面平整、通风良好的空间进行,地表铺垫要柔软、平滑。先将病虫果、畸形果、破损果拣出,再根据行业标准或国家标准进行分级。近年来,我国颁布了一些枣品种(系)的国家标准和行业标准,部分枣主产省份和地区,依据本地域特点,参照有关无公害果品和绿色果品国家标准、部级行业标准制订了适于本地品种(系)的地方标准,为全国各地枣果品质量的规范提供了依据。现分别介绍几个国家和地方标准。

(一)国家标准《红枣》(GB 5385—86)

该标准是 1986 年 2 月发布,1986 年 11 月 1 日实施的推荐性国家标准,是由原国家商业部提出,济南果品研究所负责起草。具体如下(表 8-1 和表 8-2)。

表 8-1　小红枣等级规格质量

等级	果形和个头	品　质	损伤和缺点	含水率
特　等	果形饱满,具有本品种应有的特征,个头均匀,金丝小枣每千克果数不超过 300 粒	肉质肥厚,具有本品种应有的色泽,身干,手握不黏个,杂质不超过0.5%	无霉烂、浆头,无不熟果、病虫果,破头、油头 2 项不超过 3%	金丝小枣不高于28%
一　等	果形饱满,具有本品种应有的特征,个头均匀,金丝小枣每千克果数不超过 360 粒,鸡心枣每千克果数不超过 620 粒	肉质肥厚,具有本品种应有的色泽,身干,手握不黏个,杂质不超过0.5%,鸡心枣允许肉质肥厚度较低	无霉烂、浆头,无不熟果,无病果,虫果、破头、油头 3 项不超过 5%	金丝小枣不高于28%,鸡心枣不高于25%

121

续表8-1

等级	果形和个头	品　质	损伤和缺点	含水率
二等	果形良好,个头均匀,金丝小枣每千克果数不超过420粒,鸡心枣每千克果数不超过680粒	肉质肥厚,具有本品种应有的色泽,身干,手握不黏个,杂质不超过0.5%	无霉烂、浆头,病虫果、破头、油头、干条4项不超过10%(其中病虫果不得超过5%)	金丝小枣不高于28%,鸡心枣不高于25%
三等	果形正常,具有本品种应有的特征,每千克果数不限	肉质肥厚不均,允许有不超过10%的果实色泽稍浅,身干,手握不黏个,杂质不超过0.5%	无霉烂,允许浆头、病虫果、破头、油头、干条5项不超过15%(其中病虫果不得超过5%)	金丝小枣不高于28%,鸡心枣不高于25%

表8-2　大红枣等级规格质量

等级	果形和个头	品　质	损伤和缺点	含水率
一等	果形饱满,具有本品种应有的特征,个大均匀	肉质肥厚,具有本品种应有的色泽,身干,手握不黏个,杂质不超过0.5%	无霉烂、浆头,无不熟果,无病果,虫果、破头2项不超过5%	不高于25%
一等	果形良好,具有本品种应有的特征,个头均匀	肉质肥厚,具有本品种应有的色泽,身干,手握不黏个,杂质不超过0.5%	无霉烂,允许浆头不超过2%,不熟果不超过3%,病虫果、破头2项各不超过5%	不高于25%

续表 8-2

等 级	果形和个头	品 质	损伤和缺点	含水率
三 等	果形正常，个头不限	肉质肥瘦不均，允许有不超过10%的果实色泽稍浅，身干，手握不黏个，杂质不超过0.5%	无霉烂，允许浆头不超过5%，不熟果不超过5%，病虫果、破头果2项不超过15%（其中病虫果不得超过5%）	不高于25%

本标准中小红枣主要包括金丝小枣、鸡心枣等。大红枣主要包括灰枣、板枣、郎枣、圆铃枣(核桃纹枣)、紫枣)、长红枣、赞皇大枣、灵宝大枣(屯屯枣)、壶瓶枣、相枣、骏枣、扁核酸枣、婆枣、山西(陕西)木枣、大荔圆枣、晋枣、油枣等(摘自 GB 5385—86)。

(二)黄骅冬枣等级质量要求(GB 18740—2002)

该标准(表 8-3)是 2002 年 5 月 29 日由国家质量监督检验检疫总局正式发布，2002 年 9 月 1 日开始实施。由河北省质量技术监督局提出，中国标准化协会、黄骅市质量监督局、黄骅市华夏冬枣开发有限公司等单位负责起草强制性国家标准。

表 8-3 黄骅冬枣等级质量标准

等级	质 量 要 求		
	1千克粒数	每个冬枣着色面积	损伤和缺陷
特级	不超过 38 粒	≥1/2	无病虫果、无浆头、无裂口
一级	39～56 粒	≥1/2	无病虫果、无浆头，裂口果不超过3%
二级	57～78 粒	≥1/2	无病虫果，浆头果不超过3%，裂口果不超过5%
三级	79～100 粒	≥1/2	病虫果不超过3%，浆头果不超过4%，裂口果不超过7%

(三)河北省枣果质量标准

该标准(表 8-4 至表 8-6)于 2007 年 7 月 11 日由河北省质量技术监督局发布并实施,由河北省林业局提出,河北农业大学负责起草的推荐性地方标准。标准分别提出了鲜枣和红枣(干枣)等级质量标准。其中红枣(干枣)根据鲜枣单果划分为小枣类和大枣类,单果重小于 8 克的品种为小枣类,大于或等于 8 克的品种为大枣类。

表 8-4　鲜枣等级质量标准(DB 13/T 480—2002)

项　目			特　等	一　等	二　等
基本要求			果实在脆熟期采摘,精细采摘。果实完整良好,新鲜洁净,无异味及不正常外来水分。着色面积应达到整个枣果的70%以上,无浆果及刺伤。果实内在品质达到本品种固有特征特性		
色　泽			具有本品种成熟时的色泽		
果　形			端　正	端　正	比较端正
病虫果率			≤1%	≤3%	≤5%
单果重(克)	大果类	大型果	≥25	≥20<25	≥15<20
		小型果	≥15	≥12<15	≥8<12
	小果类	大型果	≥10	≥8<10	≥6<8
		小型果	≥6	≥4.5<6	≥3.5<4.5

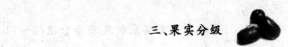

续表 8-4

项 目		特 等	一 等	二 等
果 面	碰压伤	无	允许轻微碰压伤不超过 0.1 厘米² 1 处	允许轻微碰压伤不超过 0.1 厘米² 2 处
	日 灼	无	允许轻微日灼,总面积不超过 0.2 厘米²	允许轻微日灼,总面积不超过 0.5 厘米²
	裂 果	无	无	裂果总长度不超过 1 厘米
	损伤果	0	≤5%	≤10%

表 8-5　小枣类红枣等级质量指标

项 目	特 等	一 等	二 等
基本要求	果形饱满,具有本品种应有的特征,个头均匀,肉质肥厚有弹性,身干,手握不黏个,无霉烂、浆果,含水率不超过 26%,杂质不超过 0.5%		
个 头	金丝小枣每千克果数不超过 300 粒	金丝小枣每千克果数不超过 370 粒	金丝小枣每千克果数不超过 440 粒
色 泽	具有本品种应有的色泽	具有本品种应有的色泽	允许不超过 5% 的果实色泽稍浅
损伤和缺点	无干条,无浆头,病虫果、破头、油头 3 项不超过 3%	无干条,无浆头,病虫果、破头、油头 3 项不超过 5%	无干条,无浆头,病虫果、破头、油头 3 项不超过 10%(其中病虫果不得超过 5%)

表8-6 大枣类红枣等级质量指标

项 目	特 等	一 等	二 等
基本要求	果形饱满,具有本品种应有的特征,个头均匀,肉质肥厚有弹性,身干,手握不黏个,无霉烂、浆果,含水率不超过26%,杂质不超过0.5%		
个 头	赞皇大枣每千克果数不超过100粒,婆枣每千克果数不超过140粒	赞皇大枣每千克果数不超过125粒,婆枣每千克果数不超过170粒	赞皇大枣每千克果数不超过150粒,婆枣每千克果数不超过200粒
色 泽	具有本品种应有的色泽	具有本品种应有的色泽	允许不超过10%的果实色泽稍浅
损伤和缺点	无干条,无浆头,病虫果、破头、2项不超过5%	干条不超过3%,浆头不超过2%,病虫果、破头2项不超过5%	干条不超过5%,浆头不超过5%,病虫果、破头2项不超过10%(其中病虫果不得超过5%)

四、果实包装与运输

(一)包 装

包装容器必须坚固耐用,干燥清洁,无毒无异味,内部均无刺伤或尖突物,并有合适的通气孔,容量要适当,对产品具有良好的保护作用。包装物上应印有明显的经国家权威部门批准,许可使用的无公害食品、绿色食品专用标志,标签上标明产品名称、产地、采摘日期或包装日期、生产单位或经销单位、净含量等。

(二)运　输

采用无污染、清洁卫生、干燥无异味的运输工具,不与有毒、有害、有异味的物品混装混运。装卸时轻搬轻放,快装、快运、快卸,堆码整齐。运输过程中防晒、防淋、防颠簸。

五、土肥水管理

此期主要土壤管理是在果实采收前后进行土壤耕翻,以促进根系纵向生长,同时改善土壤的性状,保证树体生长健壮。在耕翻的同时给树体施入基肥,以增加树体的贮藏营养,满足树体翌年的营养消耗。在施肥后应在土壤结冻前浇灌封冻水。

六、病虫害防治

枣果采收后,病虫危害也渐渐变得微弱,直至转入休眠状态。此期主要害虫是龟蜡蚧、刺蛾等。防治的方法主要是人工防治。对枣园进行清理,对枯枝、落叶、病虫枝、病虫果进行焚烧或掩埋,人工刷除龟蜡蚧、刺蛾虫体,在树干基部绑缚草把,诱集越冬害虫,待翌年集中清除烧毁草把。

七、苗木出圃及栽植

枣苗圃地管理主要是苗木出圃,在苗木落叶后土壤封冻前进行。起苗前灌透水,保证根系完好,做好假植及苗木分级、检疫等。新建枣园及时做好枣园规划,在土壤封冻前做好秋季定植工作。

第九章　休眠期管理
（11月份至翌年3月份）

一、冬季整形修剪

　　冬季整形修剪指休眠期修剪,自落叶后至萌芽前均可进行,但冬季干旱多风地区,修剪过早,剪口易抽干,故冬剪宜在2~3月份进行,但修剪不宜太晚,否则削弱树势,萌芽后枝条生长弱。

　　整形可根据不同树形培养模式,结合树体年龄,进行逐年的培养(参见第三章主要树形及培养)。冬季修剪主要修剪手段为短截、回缩(重回缩)、疏枝、缓放等,最终目的就是培养骨干枝,调整树体结构,更新枝组,使树体通透性良好,并达到营养生长与结果生长的均衡。

二、病虫害防治

(一)休眠期病虫害无公害防治技术规范

　　1. 病虫害发生的主要特征　冬季枣树叶片脱落,夏季生机盎然的景象全然消失,整个枣园变得冷清萧条。猖獗危害的病虫害也停止了活动,以各种不同的休眠状态度过寒冬。原有的病虫害症状不明显,各种病虫都按照自己的生活规律,在某些比较隐蔽的固定场所和地点,以不同形式,如成虫、幼虫、卵或蛹等虫态或菌丝、孢子等越冬。该期病虫害越冬场所比较集中,虫态一致。

　　枣树休眠期的主要病虫害有枣根腐病、枣轮纹病、枣炭疽病、

128

枣疯病和山楂叶螨、椿象类、枣瘿蚊、枣黏虫、刺蛾类、枣食芽象甲、叶蝉类和枣食心虫及美国白蛾等的越冬形态。

2. 防治技术规范 休眠期的病虫害防治是全年防治的重要环节,休眠期的果树抗药性较强,可以使用生产季节不能使用的高浓度农药,且容易使药液喷洒均匀,因此易得到事半功倍的效果。人工防治主要是清洁果园,将枯枝、落叶、杂草、病虫落果和僵果清理干净,带离果园或烧毁;刮治腐烂病、精细刮除老翘皮、封闭剪锯口;结合冬剪,剪除在树上越冬的病虫害,如刺蛾类、腐烂病枯枝等;树干涂白,减轻树体冻伤及日灼,并防治叶蝉及病菌危害。化学防治是在芽萌动前喷 5 波美度石硫合剂或 50%硫悬浮剂 30～50 倍液,可起到防病治虫的双重效果。

(二)主要病虫害及防治方法

1. 枣树冻害 天气原因造成的生理病害,不具传染性,主要危害大树枝条和幼树根颈。

(1)危害症状 大树受冻害后,当年新生枝条受害重。冻害严重时,老枝也受冻,受害部位皮层由褐色变为黑褐色而枯死。幼树受冻,冻害部位多发生在地面以上 10～15 厘米至地面以下 2～4 厘米的根颈部位,嫁接苗多发生在接口以上 2～4 厘米处。受冻部位的皮色发暗,无光泽,皮层呈褐色或黑褐色,树的迎风面树皮发生纵裂,树皮易脱落,并导致腐烂,严重者整株死亡。

(2)发病规律 造成冻害的原因主要有 2 种,一是气象因素,冬季当降雪量较大、低气温持续 10 天以上时,易导致冻害发生;二是枣树生长状况,幼龄枣树、当年新栽植未发芽的苗木、机械损伤严重、管理粗放、苗木生长势弱的枣树易受冻,未灌封冻水、地势低洼、盐碱重的地块冻害发生重。冻害不具有传染性,但冻害造成的伤痕,易遭传染性病菌的侵袭,从而加重传染性病害(如枣树腐烂病等)的发生。

(3)防治方法

①严把栽植关:选择良种壮苗,要求地茎粗0.5厘米以上,根系粗0.3厘米,根系完整,无病虫伤。

②科学栽植:栽前施足基肥。栽植时间选在春季枣树发芽前,尽量避免秋季栽植;极重短截定植,截留长度以20厘米左右为宜;栽植的深度以与苗木原土印平,栽后及时灌透水,并以定植穴为大小覆膜保墒。

③加强苗期管理增强抗冻能力:适时追肥促苗,合理灌排水,及时中耕除草,加强病虫害防治。于7月底至8月初,对新生枣头进行摘心,培育壮苗。土壤封冻前及时灌封冻水。

④涂白保护树体:于枣树落叶后(11月上旬)树干涂白,可防冻,并可杀灭枝干上越冬的病虫。涂白剂配方为水:生石灰:石硫合剂:食盐的比例是20:6:1:1;此外,另加油脂少许(植物动物油均可)。

2. 枣龟蜡蚧 又名日本龟蜡蚧、介壳虫、枣虱,属同翅目蜡蚧科。该虫分布广泛,全国各枣区均有不同程度的发生。

(1)为害症状 以若虫、雌成虫吸食枝、叶片、果实中的汁液为害。被害植株生长缓慢或停止生长。同时,若虫分泌大量糖质的排泄物,引起霉菌寄生,导致枣树枝叶、果面布满黑霉,严重影响光合作用,破坏叶内新陈代谢的过程,从而影响枝条、果实的正常发育,引起早期落叶,幼果早落,树势衰弱,严重时可导致植株部分或整株枯死。

(2)发生规律 该虫1年发生1代,以受精的雌虫在1~2年生枝上越冬,1年生枝上量多。翌年4月份树液开始流动时,越冬雌虫开始吸食,虫体迅速膨大。雌成虫5月上中旬开始产卵,6月上旬为产卵盛期,卵期15~20天。6月下旬孵化幼虫,7月上旬为孵化盛期。雄虫8月中旬化蛹,9月上旬进入盛期。雌虫8月下旬开始转枝为害,9月上旬为转枝盛期。羽化为成虫后,爬出蜡壳,白天活动,飞翔交尾、产卵,夜间静伏叶背面。雄虫有多次交尾习性,具趋光性。雌虫交尾后,由叶片向枝条转移,转枝以白天为主,并在中午前进行。

(3)**防治方法** 自6月中旬开始,每隔5天从不同地势的枣林中,分别采集有虫枣枝,观察记载雌介壳虫下方的卵、孵化若虫和自然死亡情况,并计算出孵化率,当若虫出壳率达40%左右时,即为孵化盛期,应抓紧防治。

①人工防治:结合冬季修剪,人工刮除枣树低处枣枝上的越冬雌成虫或剪除虫量较大的枣枝,并集中烧毁,以消灭越冬虫源。也可在树体冬季结冰时,用木棍敲击树枝,将越冬雌成虫连同冰块一起击落。

②生物防治:保护和利用天敌。枣龟蜡蚧的天敌主要有瓢虫类和草蛉类捕食性天敌昆虫及小蜂类和霉菌类寄生性天敌。

③化学防治:根据虫情测报,在虫卵孵化盛期喷施15%蓖麻油酸盐碱800～1 000倍液,防治效果均好。秋后或早春喷洒5%柴油乳剂。

3. 枣粉蚧 该虫属同翅目粉蚧科,俗名树虱子。

(1)**为害症状** 在河北省各大枣区普遍发生,以成虫和若虫刺吸枝、叶中的汁液,导致枝条干枯、叶片枯黄、树体衰亡、减产严重。该虫黏稠状分泌物常招致霉菌发生,使枝叶和果实变黑,如煤污状,也影响树势、果品品质及产量。

(2)**发生规律** 该虫1年发生3代,以成虫或若虫在树的枝干粗皮缝中越冬。翌年4月下旬出蛰。第一代发生期在5月底至6月底,盛期为6月上旬。第二代发生期在7月初至8月上中旬,孵化盛期在7月中下旬。第三代(进入越冬代)8月上中旬开始发生,孵化盛期在9月初,10月上旬可全部休眠越冬。第一代、第二代为害最重(6～8月份)。第一代若虫期约28天,雌成虫期约22天,雄成虫期约10天;第二代若虫期约27天,雌成虫期约12天,雄成虫约3天。这两代是为害枣树的主体,为害的主要部位为嫩枝、枣吊、叶片等。进入雨季后,其分泌物招致的霉菌可将叶片、果实及枝条染黑,影响产量和枣果质量。

(3)防治方法

①物理防治:一是刮树皮,在冬季和早春期间刮除树干、枝及枝杈处的老粗皮,并集中烧毁,对全树喷涂3~5波美度石硫合剂,或对主要枝干涂白。二是涂黏虫胶,于4月中旬末对树干及各大骨干枝涂宽1~2厘米的黏虫胶环,以阻止上树,以及从集中越冬枝向非集中越冬枝转移为害,并黏死部分害虫。

②化学防治:用药时间应选在初孵若虫盛发期,一般在5月底至6月初、7月上中旬、8月上旬。所选药剂有,25%噻嗪酮可湿性粉剂1500~2000倍液(提前2天应用),苦楝油原油乳剂200倍液,可混加拟除虫菊酯类如2.5%高效氯氟氰菊酯乳油1500~2000倍液,或10%联苯菊酯乳油2000~4000倍液等。

4. 康氏粉蚧　又名梨粉介壳虫、桑粉蚧,属同翅目粉蚧科。

(1)为害症状　分布于吉林、辽宁、河北、北京、山东、河南、山西等地,主要为害枣、梨、苹果、桃、杏、柿、李等果树。以若虫和雌成虫刺吸芽、叶、果实、枝干和根的汁液,根部和嫩枝受害处肿胀,树皮纵裂而枯死,果实成畸形果。

(2)发生规律　康氏粉蚧1年发生3代,主要以卵在树体各种缝隙及树干基部附近土石缝处越冬,枣树发芽时,越冬卵孵化,爬到枝、叶等幼嫩部分为害。第一代若虫盛发期为5月中下旬,第二代为7月中下旬,第三代为8月下旬,9月下旬雄虫开始羽化,交尾产卵越冬。

(3)防治方法　一是调运苗木、接穗要加强检疫,防止传播蔓延。二是初发生枣园多是点片发生,彻底剪除有虫枝条或人工刷抹有虫枝条,铲除虫源。三是药剂防治,在枣芽萌动前,喷石硫合剂,或含油量为5%柴油或机油乳剂1000倍液,杀死越冬卵;在若虫孵化盛期进行药剂防治,常用 2.5％高效氯氟氰菊酯乳油 1 500 倍液,或 2.5％联苯菊酯乳油 1 500 倍液,或 20％甲氰菊酯乳油 1 500～2 000 倍液,或 20％氰戊菊酯乳油 1 500 倍液。

三、接穗采集和准备

(一)接穗的采集和贮藏

接穗要从优良品种采穗圃或生产区生长健壮、无枣疯病的优良品种上采集。枝接接穗用生长健壮的 1～3 年生枣头 1 次枝或粗壮的 2～4 年生的 2 次枝。一般结合冬剪采集接穗。将采集的接穗每 50～100 根打成 1 捆,注明品种、数量。然后在沟内或窖内沙藏起来,要经常检查,防止失水、受冻和淹水。早春要防止发霉和过早萌发。用于芽接的接穗要随采随用。采下后剪去 2 次枝和叶片,减少水分蒸发。调运接穗,要用草包或湿麻袋包装,运输途中要注意喷水保湿、保温。

(二)接穗封蜡

将休眠期采集的用于枝接的接穗,按单芽或双芽截成枝段,在一容器内将石蜡溶化,把接穗在溶化的石蜡液中迅速蘸一下,使接穗全部用蜡封住。蜡温以 90℃～105℃为宜,温度过高易烫伤接穗,蜡温过低、蜡层太厚,易剥落。蘸好蜡的接穗可放入纸箱或塑料袋中,贮藏于 1℃～5℃的冰柜或冷藏库中,春季取出便可用于嫁接。

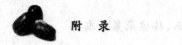

附　录

附表　枣树周年管理工作历

物候期	时　间	主要工作内容
萌芽期	4 月份 至 5 月初	1. 清除根蘖、抹芽、摘心。将新生无用的枣芽抹掉，枣头进行摘心，以利于其加粗生长。 2. 萌芽前对秋季未施基肥的枣园进行施肥，并灌萌芽水。盛果期树株施基肥 30～50 千克、磷酸二铵 0.5～1 千克、尿素 0.5～1 千克。对枣园进行耕翻、除草、生草等土壤管理。 3. 针对出现的缺素症状，可结合施基肥加入相应矿质肥料，也可叶面喷施微肥。 4. 病害有枣腐烂病、枣疯病等，害虫有椿象类、枣食芽象甲、枣瘿蚊、枣黏虫、山楂叶螨和金龟子等。具体操作是刮治腐烂病，刨除枣疯病树体，及时喷药。萌芽前喷施 3～5 波美度石硫合剂杀菌杀虫，萌芽后可选用菊酯类农药和吡虫啉等，有螨类为害时可加杀螨剂（四螨嗪、阿维菌素）防治。 5. 苗圃地需整地，播种酸枣种仁，对酸枣苗进行嫁接。 6. 新建枣园进行幼苗定植，对酸枣资源进行改接、大树高接换优

续附表

物候期	时　间	主要工作内容
花　期	5月上旬至6月上中旬	1. 花期环剥。在每枣吊开5～8朵花时,距地面20厘米处每年依次向上对主干环剥,宽度为干径的1/10,若效果不明显可对侧枝再进行环刻。 2. 花期在近傍晚喷水,保证花期空气湿度要求,提高坐果率。 3. 盛花期喷施0.05～0.2%硼酸溶液,促进花粉管萌发,喷15～20毫克/升赤霉素促进坐果。 4. 5月中下旬进行追肥并灌水。盛花期喷施0.3～0.5%尿素溶液或0.2～0.3%磷酸二氢钾溶液,提高坐果率。 5. 搞好夏剪,对无用的枣头及时疏除,对有空间发展的枣头进行摘心、拉枝、撑枝等处理。 6. 及时进行中耕除草。 7. 枣园放蜂,提高坐果率。 8. 苗圃地锄草、追肥,圃内嫁接苗及进行除萌。 9. 高接树及酸枣改接树及时除萌并做好绑缚,喷施杀虫剂防治枣黏虫、枣尺蠖、蚜虫等
果实发育前期	6月中旬至7月上中旬	1. 做好夏剪工作,及时地进行拉枝、扭梢、抹芽、摘心、疏枝。 2. 搞好中耕除草、生草、地面覆盖等土壤管理。 3. 株施三元复合肥,也可结合喷药,叶面喷施尿素或磷酸二氢钾溶液,促进幼果发育。 4. 继续进行苗圃地及高接、改接树的管理,并做好其相应的病虫害防治。 5. 防治病害如枣锈病、枣缩果病、枣早期落叶病等和虫害如山楂叶螨、枣黏虫、刺蛾类、桃小食心虫、蝉类等。具体操作运用性诱剂进行预测预报,化学防治可选用杀虫剂(如菊酯类、灭幼脲3号)、杀螨剂(阿维菌素、四螨嗪)、杀菌剂(甲基硫菌灵、代森锰锌、多菌灵)混喷

135

 附　录

续附表

物候期	时　间	主要工作内容
果实发育中后期	7月下旬至9月上旬	1. 继续做好夏剪和土壤管理。 2. 结合喷药进行叶面喷施 0.3～0.5％磷酸二氢钾溶液,提高果实品质。 3. 继续做好苗圃地管理及高接、改接树的管理。 4. 进入雨季,是病害的高发期。喷施杀菌剂和杀虫剂,着重防治枣缩果病、炭疽病、裂果病、锈病等,辅助防治桃小、刺蛾、蝉等
果实成熟期至落叶期	9～10月份	1. 针对枣果的不同用途,做好适时采收工作。 2. 进行枣果保鲜、制干、加工以及分级包装等。 3. 土壤耕翻、秋施基肥、灌封冻水。 4. 捡拾病虫果,去除病虫枝进行集中处理,人工绑缚草把诱杀越冬害虫
休眠期	11月份至翌年3月份	1. 根据栽植密度及树体年龄对枣树做相应的整形修剪。 2. 清理枣园内病虫果、枝、叶及杂草和诱杀害虫的草把。刮治腐烂病、精细刮除老翘皮、封闭剪锯口。结合冬剪,剪除在树上越冬的病虫害,如刺蛾类、腐烂病枯枝等。树干涂白,减轻树体冻伤及日灼,并防治叶蝉及病菌危害。 3. 苗木出圃。 4. 结合整形修剪,采集接穗并蜡封贮藏。 5. 做好翌年工作计划,备好肥料、农药及农机具等物资

注:此工作历适于北方枣产区。

参考文献

[1] 曲泽洲,王永蕙.中国果树志枣卷[M].北京:中国林业出版社,1993.

[2] 河北农业大学.果树栽培各论(北方本)[M].北京:中国农业出版社,1987.

[3] 周俊义,刘孟军.枣优良品种及无公害栽培技术[M].北京:中国农业出版社,2007.

[4] 张毅,孙岩.枣推广新品种图谱[M].济南:山东科技出版社,2006.

[5] 刘孟军.枣优质丰产栽培技术彩色图说[M].北京:中国农业出版社,2001.

[6] 周广芳.优质高效安全生产技术[M].济南:山东科技出版社,2008.

[7] 周正群.无公害金丝小枣优质栽培技术[M].北京:中国农业出版社,2004.

[8] 刘孟军.枣优质生产技术手册[M].北京:中国农业出版社,2003.

[9] 刘孟军,汪民.中国枣种质资源[M].北京:中国林业出版社,2009.

[10] 刘孟军.中国枣产业发展报告1949-2007[M].北京:中国林业出版社,2008.

[11] 高梅秀.枣优新品种矮密丰产栽培[M].北京:中国农业大学出版社,2001.

金盾版图书,科学实用,
通俗易懂,物美价廉,欢迎选购

提高枣商品性栽培技术问答	10.00
提高石榴商品性栽培技术问答	13.00
提高板栗商品性栽培技术问答	12.00
提高葡萄商品性栽培技术问答	8.00
提高草莓商品性栽培技术问答	12.00
提高西瓜商品性栽培技术问答	11.00
图说蔬菜嫁接育苗技术	14.00
图说甘薯高效栽培关键技术	15.00
图说甘蓝高效栽培关键技术	16.00
图说棉花基质育苗移栽	12.00
图说温室黄瓜高效栽培关键技术	9.50
图说棚室西葫芦和南瓜高效栽培关键技术	15.00
图说温室茄子高效栽培关键技术	9.50
图说温室番茄高效栽培关键技术	11.00
图说温室辣椒高效栽培关键技术	10.00
图说温室菜豆高效栽培关键技术	9.50
图说芦笋高效栽培关键技术	13.00
图说苹果高效栽培关键技术	11.00
图说梨高效栽培关键技术	11.00
图说桃高效栽培关键技术	17.00
图说大樱桃高效栽培关键技术	9.00
图说青枣温室高效栽培关键技术	9.00
图说柿高效栽培关键技术	18.00
图说葡萄高效栽培关键技术	16.00
图说早熟特早熟温州密柑高效栽培关键技术	15.00

以上图书由全国各地新华书店经销。凡向本社邮购图书或音像制品,可通过邮局汇款,在汇单"附言"栏填写所购书目,邮购图书均可享受9折优惠。购书30元(按打折后实款计算)以上的免收邮挂费,购书不足30元的按邮局资费标准收取3元挂号费,邮寄费由我社承担。邮购地址:北京市丰台区晓月中路29号,邮政编码:100072,联系人:金友,电话:(010)83210681、83210682、83219215、83219217(传真)。